模具数控加工

主 编 杨 刚
副主编 李大英 罗应娜 宋 斌

重庆大学出版社

内 容 提 要

全书共分6章,内容包括数控机床概述、数控机床编程基础、数控车床加工与编程、数控铣床加工与编程、数控电火花线切割加工与编程、自动编程。本书对模具加工中常用数控机床的编程方法和操作进行了讲解,另对模具数控加工工艺和自动编程也进行了深入的讲解。书中所用例子极具代表性,且均已在实际生产中得以验证。通过对该书的学习,既能对基础理论有一定的理解,又能掌握必要的专业技能。

本书可满足高职高专的模具设计与制造专业、机械设计制造专业的教学要求,同时也可作为模具加工行业技术人员的参考用书。

图书在版编目(CIP)数据

模具数控加工/杨刚主编.——重庆:重庆大学出
版社,2013.3(2019.2 重印)
高职高专模具制造与设计专业系列教材
ISBN 978-7-5624-7099-1

Ⅰ.①模… Ⅱ.①杨… Ⅲ.①模具—数控机床—加工
—高等职业教育—教材 Ⅳ.①TG76

中国版本图书馆 CIP 数据核字(2012)第 292686 号

模具数控加工

主 编 杨 刚
副主编 李大英 罗应娜 宋 斌
策划编辑:周 立

责任编辑:李定群 高鸿宽 版式设计:周 立
责任校对:刘 真 责任印制:张 策

*

重庆大学出版社出版发行
出版人:易树平
社址:重庆市沙坪坝区大学城西路 21 号
邮编:401331
电话:(023)88617190 88617185(中小学)
传真:(023)88617186 88617166
网址:http://www.cqup.com.cn
邮箱:fxk@cqup.com.cn(营销中心)
全国新华书店经销
POD:重庆新生代彩印技术有限公司

*

开本:787mm×1092mm 1/16 印张:12.5 字数:312 千
2013 年 3 月第 1 版 2019 年 2 月第 2 次印刷
ISBN 978-7-5624-7099-1 定价:29.50 元

高职模具专业系列规划教材
领导小组

前　言

模具作为成型品的加工母机,其制造精度要远高于其成型品的精度。组成模具的零件一般具有较高的加工精度要求,而且加工表面除简单的平面和回转面外,还有更多复杂的规则或不规则曲面,这些形状复杂的曲面采用传统的加工方法加工,不仅加工效率低,而且更难以达到加工的精度要求。

数控加工适用于单件、小批量、高精度、复杂表面的零件加工,是模具零件加工的主要方法。模具制造的数控加工主要有数控车削加工、数控铣削加工、数控电火花线切割加工等。这些加工技术和方法是本书介绍的核心内容,也是当前模具零件加工的核心技术。

本书主要介绍数控加工技术的基本知识及其在模具加工中的应用。全书内容加上绪论一共 7 部分,包括数控机床概述、数控机床编程基础、数控车床加工与编程、数控铣床加工与编程、数控电火花线切割加工与编程、自动编程。本书适于高职高专学校模具设计与制造专业教学使用,也可供其他机械类专业教学参考。

本书由重庆工业职业技术学院杨刚任主编,负责全书的组织编写和统稿工作,重庆工业职业技术学院李大英、罗应娜,张家界航空工业职业技术学院宋斌任副主编。杨刚编写绪论、第 1 章、第 2 章,罗应娜编写第 3 章,李大英编写第 4 章、第 6 章,宋斌编写第 5 章。

本书由大连理工大学宋满仓教授主审,宋教授对本书认真审阅,并提出了很多宝贵的意见,在此表示衷心感谢。

本书在编写过程中得到了重庆大学出版社、重庆市模具协会和许多企业同仁的大力支持,在此表示衷心感谢。

因编者水平和经验有限,书中难免出现错误和不妥之处,恳请读者批评指正。也望各位读者与我交流,以此相互进步共同提高。

编　者
2013 年 1 月

目 录

绪 论

随着工业产品不断向多样化和高性能化方向发展,产品生产厂家要求模具制造企业在短时期内为新产品的开发和投产提供高精度的模具。模具制造企业为了适应用户的这一要求,充分利用数控加工等先进制造技术,使模具加工技术由传统的手工操作进入以数控加工为主的新阶段。

模具零件制造属于单件小批量生产方式,型腔、型芯的形状往往比较复杂。在数控技术出现之前,除了用于大批量生产的专门生产线具有较高的自动化程度外,各种零件的制造基本上由手工操作完成。数控技术的产生和发展,为复杂曲线、曲面模具零件的单件小批量自动加工提供了极为有效的手段。

(1)数控机床在模具加工中的应用

模具作为现代工业生产的重要工艺装备之一,对提高产品的产量和质量起着非常重要的作用。模具的设计和制造水平也通常反映一个国家的工业发展程度。模具生产一般具有以下特点:

1)模具型面复杂、不规则

有些产品如汽车覆盖件、飞机零件、玩具、家用电器等,其表面形状是由多种曲面组合而成,相应的模具型腔、型芯也比较复杂。

2)模具表面质量及尺寸精度要求高

模具里上下模的组合、镶块与型面的配合、镶块之间的拼合等均要求有很高的加工精度和很低的表面粗糙度值。精密模具的尺寸精度往往要达到微米级。

3)生产批量小

模具是用于大批量生产的工艺装备,作为模具本身的产品数量是很少的,因此模具零件属于典型的单件小批量生产方式,很多情况下只生产一两套。

4)加工工序多

一套模具的制作总离不开车、铣、钻、镗、铰及攻螺纹等多种工序。

5)模具材料优异,硬度高、价格贵

模具零件多采用合金材料制造,特别是高寿命的模具,常采用 Cr12,CrWMn 等莱氏体材料制造,这类钢材从毛坯锻造、加工到热处理均有严格要求,因此,加工工艺的编制就更不容忽视。

过去模具零件的加工依赖于传统加工方法，制造的质量不易保证，也难以在短期内完成。目前，模具加工广泛采用数控加工技术，从而为单件小批量的模具零件自动加工提供了极为有效的手段。

由于采用了数控机床，模具零件的加工过程发生了很大的变化。例如，模板的加工过去采用手工划线、钻床钻孔、带锯加工矩形孔、立铣加工型孔、手工攻螺纹 5 道工序。改用数控机床加工后，则由数控机床定位钻孔，减少了手工划线工序，而且孔位精度也有了提高。如果使用加工中心，则一次装夹可完成所有的加工内容。由于减少了装夹和工序转移的等待时间，大幅度缩短了加工周期，同时也减少了多次装夹带来的孔位误差，提高了加工精度。

（2）数控机床在模具加工中应用的方式

数控机床在模具加工中应用的方式主要有以下 5 种：

1）数控铣削加工

由于数控铣削加工具有生产效率较高，加工精度高，可实现多轴联动，能加工复杂形状及加工的适应性强，只要改变加工程序就可加工出不同形状的零件等特点，因而特别适合于单件或小批量生产的模具制造。数控铣削加工在模具制造行业的主要应用有塑料模、压铸模和锻模等具有复杂曲面及轮廓的型腔模加工。

2）数控电火花成形加工

数控电火花成形加工在模具制造中，主要用于加工冲模、锻模、塑料模、拉深模、压铸模、挤压模、玻璃模、胶木模、陶土模、粉末冶金烧结模、花纹模等型腔，以及深槽、窄槽等部位。

3）数控电火花线切割加工

数控电火花线切割加工主要用于平面形状的模具零件加工、轮廓量规的加工、微细加工等。

4）数控车削加工

对于旋转类模具零件，一般采取数控车削加工，如车外圆、车孔、车平面、车锥面等。酒瓶、酒杯、保龄球、转向盘等模具，都可以采用数控车削加工。

5）数控磨削加工

数控磨削加工分为数控外圆磨削、数控坐标磨削、数控强力磨削和数控立式磨削，其中数控坐标磨削在模具加工中主要应用于成形孔磨削、沉孔磨削、内腔底面磨削、凹球面磨削、二维轮廓磨削、三维轮廓磨削、成形磨削等。

另外，还有其他的一些数控加工方式，如数控钻孔、数控冲孔等。所有这些数控加工方式，为模具提供了丰富的生产手段。总之，各种数控加工方法为模具加工提供了各种可供选择的手段。随着数控技术的发展，越来越多的数控加工方法应用到模具制造中，使模具制造的前景更加广阔。

第1章
数控机床概述

1.1 数控机床的产生和特点

1.1.1 数控机床的产生

科学技术和社会生产的不断发展,对机械产品的质量和生产率提出了越来越高的要求。机械加工工艺过程的自动化是实现上述要求的最重要措施之一。它不仅能够提高产品的质量、生产效率,降低生产成本,还能够大大改善工人的劳动条件。

许多生产企业(如汽车、家用电器等制造厂)已经采用了自动机床、组合机床和专用自动生产线。采用这种高度自动化和高效率的设备,尽管需要很大的初始投资以及较长的生产准备时间,但在大批量的生产条件下,由于分摊在每一个工件上的费用很少,经济效益仍然非常显著。

但是,在机械制造业中并不是所有的产品零件都具有很大的批量,单件与小批量生产的零件占机械加工总量的80%以上,尤其是在造船、航空、航天、机床、重型机械、模具以及军工部门,其生产特点是加工批量小、改型频繁,零件的形状复杂且精度要求高,采用专用化程度很高的自动化机床加工这类零件就显得很不合理,因为需要经常改装与调整设备。因此,即使大批量生产,也要改变产品长期一成不变的做法。"刚性"的自动化设备在大批量生产中日益暴露出其缺点。

为了解决上述问题,以满足多品种、小批量的自动化生产,迫切需要一种灵活、通用,能够适应产品频繁变化的机床。

数字控制(Numerical Control,简称 NC 或数控)机床是在这样的背景下诞生与发展起来的。它极其有效地解决了上述一系列矛盾,为单件、小批生产的精密复杂零件提供了自动化加工手段。

数控机床就是将加工过程所需要的各种操作(如主轴变速、松夹工件、进刀与退刀、开车与停车、选择刀具、供给冷却液等)和步骤,以及刀具与工件之间的相对位移量都用数字化的代码来表示,将数字信息送入专用的或通用的计算机,计算机对输入的信息进行处理与运算,发出各种指令来控制机床的伺服系统或其他执行元件,使机床自动加工出所需要的工件。数控机床与其他自动机床的一个显著区别在于当加工对象改变时,除了重新装夹工件和更换刀具之外,仅需输入或调取新的数控程序,不需要对机床作任何调整。

1952 年美国帕森斯公司(Parsons)和麻省理工学院(MIT)合作研制成功世界上第一台三坐标数控铣床,用它来加工直升机叶片轮廓检查样板。这是一台采用专用计算机进行运算与控制的直线插补轮廓控制数控铣床,专用计算机采用电子管元件,逻辑运算与控制采用硬件连接电路。1955 年,该类机床进入实用化阶段,在复杂曲面的加工中发挥了重要作用。这就是第一代数控系统。从那时起 50 多年来,以下引用的资料有点旧,由此可知,随着自动控制技术、微电子技术、计算机技术、精密测量技术及机械制造技术的发展,数控机床得到了迅速发展,不断地更新换代。

1959 年晶体管元件问世,数控系统中广泛采用晶体管和印制板电路,从此数控系统跨入第二代。

1965 年出现了小规模集成电路,由于其体积小,功耗低,使数控系统的可靠性得到了进一步提高,数控系统从而发展到第三代。

随着计算机技术的发展,出现了以小型计算机代替专用硬接线装置,以控制软件实现数控功能的计算机数控系统(即 CNC 系统),使数控机床进入第四代。

1970 年前后,美国英特尔(Intel)公司首先开发和使用了四位微处理器,1974 年美、日等国首先研制出以微处理器为核心的数控系统。由于中、大规模集成电路的集成度和可靠性高、价格低廉,因此,微处理器数控系统得到了广泛的应用。这就是微机数控(Micro-Computer Numerical Control)系统(即 MNC 系统),从而使数控机床进入第五代。

20 世纪 90 年代后,基于 PC-NC 的智能数控系统的发展和应用,充分利用现有 PC 机的软硬件资源,规范设计了新一代数控系统,因而使数控机床的发展进入第六代。

我国在 1958 年由清华大学研制了第一台数控机床,并在研制与推广使用数控机床方面取得了一定成绩。近年来,由于引进了国外的数控系统与伺服系统的制造技术,使我国数控机床在品种、数量和质量方面得到了迅速发展。目前,我国已有几十家机床厂能够生产不同类型的数控机床和加工中心机床。我国经济型数控机床的研究、生产和推广工作也取得了较大的进展,它必将对我国各行业的技术改造起到积极的推动作用。

目前,在数控技术领域中,我国和工业发达国家之间还存在着不小的差距,但这种差距正在缩小。

随着企业技术改造的深入开展,各行各业对数控机床的需要量将会有大幅度的增长,这将有力地促进数控机床的发展。毫无疑问,数控机床将会在我国现代化建设中发挥越来越大的作用。

1.1.2 数控机床的特点

(1)柔性强

柔性是指机床适应于被加工零件的变化能力。

由于在数控机床上变更加工零件时,只需要重新编制程序,通过连接机床的计算机输入或者手动输入程序就能实现对零件的加工。它不同于传统的机床,不需要制造、更换许多工具、夹具和模具,更不需要重新调整机床。因此,数控机床可很快地从加工一种零件转变为加工另一种零件,这就为单件、小批量以及试制新产品提供了极大的便利。它不仅缩短了生产准备周期,而且节省了大量工艺装备费用。例如,使用点位控制系统的多孔零件的加工,当需要修改设计,改变其中某些孔的位置和尺寸时,只需局部修改增删程序的相应部分,就可把修改后的新产品制造出来,为产品结构的不断更新提供了有利条件。

(2)加工精度高

数控机床是按以数字形式给出的指令进行加工的,由于目前数控装置的脉冲当量(即每一个进给脉冲使数控机床移动部件所产生的移动量)普遍达到了 0.001 mm,而且进给传动链的反向间隙与丝杠螺距误差等均可由数控装置进行补偿,因此,数控机床能达到比较高的加工精度。数控机床的传动系统与机床结构都具有很高的刚度和热稳定性,从而提高了它的制造精度,特别是数控机床的自动加工方式避免了生产者的人为操作误差,同一批加工零件的尺寸一致性好,产品合格率高,加工质量十分稳定。

(3)加工生产率高

零件加工所需要的时间包括机动时间与辅助时间两部分。数控机床能够有效地减少这两部分时间,因而加工生产率比一般机床高得多。数控机床主轴转速和进给量的范围比普通机床的范围大,每一道工序都能选用最合理的切削用量,良好的结构刚性允许数控机床进行大切削用量的强力切削,有效地节省了机动时间。数控机床移动部件的快速移动和定位均采用了加速与减速措施,因而选用了很高的空行程运动速度,消耗在快进、快退和定位的时间要比一般机床少得多。

数控机床在更换被加工零件时几乎不需要重新调整机床,而零件又都安装在简单的定位夹紧装置中,用于停机进行零件安装调整的时间可以节省不少。

数控机床的加工精度比较稳定,在程序无误以及刀具完好的情况下,一般只做首件检验或工序间关键尺寸的抽样检验,因而可减少停机检验的时间。因此,数控机床的利用系数比一般机床高得多。

在使用带有刀库和自动换刀装置的数控加工中心机床时,在一台机床上实现了多道工序的连续加工,减少了半成品的周转时间,生产效率的提高更为明显。

(4)减轻了操作者的劳动强度

数控机床对零件的加工是按事先编好的程序自动完成的,操作者除了操作键盘、装卸零件、关键工序的中间测量以及观察机床的运行之外,不需要进行繁重的重复性手工操作,劳动强度与紧张程度均可大为减轻,劳动条件也得到相应的改善。例如,电子工业中印刷电路板的钻孔,如果在台式钻床上进行手动加工,单调频繁的手工操作很容易造成工人视觉的极度疲劳,从而产生不少差错,因此,通常很难进行一小时以上的连续操作。当采用高速数控钻床加工时,就能根本地改善操作者的劳动条件。

(5)良好的经济效益

使用数控机床加工零件时,分摊在每个零件上的设备费用是较昂贵的。但在单件、小批生产情况下,可节省许多其他方面的费用,因此能够获得良好的经济效益。

使用数控机床,一方面,在加工之前节省了划线工时,在零件安装到机床上之后可以减少调整、加工和检验时间,减少了直接生产费用。另一方面,由于数控机床加工零件不需要手工制作模型、凸轮、钻模板及其他工夹具,节省了工艺装备费用。还由于数控机床的加工精度稳定,减少了废品率,使生产成本进一步下降。

(6)有利于生产管理的现代化

用数控机床加工零件,能准确地计算零件的加工工时,并有效地简化了检验和工夹具、半成品的管理工作。这些特点都有利于生产管理现代化。

数控机床使用数字信息与标准代码输入,最适宜于与数字计算机联系,目前已成为计算机辅助设计、制造及管理一体化的基础。

1.2 数控机床的基本结构和工作原理

1.2.1 数控机床的基本结构

数控机床是一种利用数控技术,按照事先编好的程序实现动作的机床。它是由程序载体、输入装置、CNC 单元、伺服系统、位置反馈系统和机床机械部件构成的。其基本结构如图 1.1 所示。

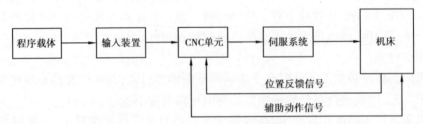

图 1.1 数控机床的基本结构

(1)程序载体(控制介质)

数控机床是按照输入的零件加工程序运行。在零件加工程序中,包括机床上刀具与工件的相对运动轨迹、工艺参数(走刀量、主轴转数等)和辅助运动等。将零件加工程序用一定的格式和代码,存储在一种载体上,这种用于装载零件加工程序的载体称为控制介质。

(2)输入装置

输入装置的作用是将程序载体内有关加工的信息读入 CNC 单元。根据程序载体的不同,相应有不同的输入装置。有时为了用户方便,数控机床可以同时具备多种输入装置。

现代数控机床还可通过手动方式(MDI 方式),将零件加工程序直接用数控系统的操作面板上的按键,直接键入 CNC 单元;或者用与上级机通信方式直接将加工程序输入 CNC 单元。

(3)CNC 单元(数控装置)

CNC 单元由信息的输入、处理和输出 3 个部分组成,程序载体通过输入装置将加工信息传给 CNC 单元,编译成计算机能识别的信息,由信息处理部分按照控制程序的规定,逐步存储进行处理后,通过输出单元发出位置和速度指令给伺服系统和主运动控制部分。

数控机床的辅助动作,如刀具的选择与更换、切削液的启停等能够用可编程序控制器(PLC)进行控制。现代数控系统中,一般备有 PLC 附加电路板。这种结构形式可省去 CNC 与 PLC 之间的连线,结构紧凑,可靠性好,操作方便,无论从技术上或经济上都是有利的。

CNC 单元由工业控制机、控制程序和接口电路组成。CNC 单元是数控机床的神经中枢,它决定了数控机床的功能和可靠性。

(4)伺服系统

伺服系统由伺服驱动和位置反馈两部分组成。

1)伺服驱动系统

伺服驱动系统由伺服电动机以及驱动控制装置和伺服控制软件组成。它与数控机床的进给运动部件构成进给伺服系统。伺服驱动系统根据 CNC 单元发来的速度及位置指令驱动机床的进给运动部件,完成指令规定的运动。每一坐标方向的运动部分配备一套伺服驱动系统。

伺服电动机的驱动控制装置一般仅完成电动机速度控制(包括速度反馈),而电动机的角位移控制,一般由 CNC 单元完成。

2)位置反馈系统

位置反馈分为伺服电动机的转角位移的反馈和数控机床执行机构(工作台)的位移反馈两种,运动部分通过传感器将上述角位移或直线位移转换成电信号,反馈给 CNC 单元,与指令位置进行比较,并由 CNC 单元发出指令,纠正所产生的误差。

伺服系统是数控机床的执行部分,它决定了数控机床的精度与快速性。

(5)机床的机械部件

数控机床的机械结构,除了主运动系统、进给系统以及辅助部分如液压、气动、冷却及润滑部分等一般部件外,尚有些特殊部件,如储备刀具的刀库、自动换刀装置(ATC)、自动托盘交换装置等。与普通机床相比,数控机床的传动系统更为简单,但机床的静态和动态刚度要求更高,传动装置的间隙要尽可能小,滑动面的摩擦系数要小,并要有恰当的阻尼,以适应对数控机床高定位精度和良好的控制性能的要求。

1.2.2 数控机床的工作原理

①将被加工零件的形状、尺寸及工艺要求等信息编制成 NC 加工程序,并记录在控制介质上。

②控制介质上的程序信息经输入装置输入 CNC 单元中。

③CNC 单元对输入的程序信息进行计算和处理,并向各坐标轴的伺服驱动系统和主运动的控制系统发出位置和速度指令。

④伺服驱动系统接到 CNC 单元的位置、速度指令后,经转换、放大,驱动机床工作台或刀架按要求的轨迹移动。机床上的刀具在必要机械动作的配合下,按要求的形状与尺寸完成切削加工。

⑤位置检测、反馈装置将机床的实际位置信号反馈给 CNC 单元,并与指令位置信号进行比较,CNC 单元按其差值又发出指令位置信号,经伺服驱动装置使机床移动部件向消除误差的方向移动。

每一个进给信号使机床移动部件所产生的位移量,称为脉冲当量,又将它称为最小设定单位。数控机床的脉冲当量一般为 0.01 ~ 0.000 1 mm/脉冲(pulse)。

1.3　数控机床的分类

数控机床经过几十年的发展已有几百个品种规格,可按多种原则进行分类,归纳起来,常用以下 3 种方法进行分类:

1.3.1　按工艺用途分类

(1)普通数控机床

这种数控机床与传统的通用机床品种一样,有数控车、铣、镗及磨床等,而且每一种又有很多品种。例如,数控铣床中还有立铣、卧铣、工具铣及龙门铣等。这类数控机床的工艺可能性与通用机床相似,所不同的是它能加工形状复杂的零件。

(2)数控加工中心机床

这类机床是在普通数控机床的基础上加装一个刀库(可容纳 10 ~ 100 多把刀具)和自动换刀装置,从而构成了一种带自动换刀装置的数控机床,也称为多工序数控机床。这使数控机床更进一步地向自动化和高效化方向发展。

这类机床与普通数控机床相比,优点是工件可经过一次装夹后,数控装置就能控制机床自动地更换刀具,连续地对工件各加工面自动完成铣、镗、钻、铰及攻丝等多工序加工。工序集中,减少了机床的台数,减少了零件重复定位误差,也大大减少了辅助时间。

1.3.2　按加工路线分类

(1)点位控制数控机床

这类机床的数控装置只能控制机床移动部件从一个位置(点)精确地移动到另一位置(点),在移动过程中不进行任何切削加工。至于两相关点之间的移动速度及路线则取决于生产率。为了在精确定位基础上尽可能提高生产率,两相关点之间的移动,先是以快速移动接近定位点,然后降速 1 ~ 3 级,再慢速接近它,以保证定位精度。

这类机床主要有数控坐标镗床、数控钻床、数控冲床等,其相应的数控装置称为点位控制装置。

(2)点位直线控制数控机床

这类机床工作时,不仅要控制两相关点之间的距离,还控制两相关点之间的移动速度和轨迹,其路线一般都由与各轴线平行的直线段组成。当这类机床移动部件移动时,可沿一个坐标轴方向或沿 45°斜线方向进行切削加工,但不能沿任意斜率直线切削,而且增加了机床的辅助功能。例如,增加了主轴转速控制、循环进给加工、刀具选择等功能。

这类机床主要有简易数控车床和早期的数控加工中心等,其相应的数控装置称为点位直线控制装置。

(3)轮廓控制数控机床

这类机床的控制装置能够同时对两个或两个以上的坐标轴进行连续控制。加工时,不仅要控制起点和终点,还要控制整个加工过程中每点的速度和位置,也就是要控制移动的轨迹,使机床加工出符合图样要求的复杂形状的零件。它的辅助功能比较齐全。

这类机床主要有数控车床、数控铣床、数控磨床和电加工机床,其相应的数控装置称为轮廓控制装置。

1.3.3 按有无检测装置分类

(1) 开环控制数控机床

所谓开环控制系统,就是机床上没有安装位置反馈检测装置,没有构成反馈控制回路的系统,如图 1.2 所示。伺服元件通常使用步进电机或电液脉冲马达。数控装置输出的脉冲通过环形分配器和驱动线路,不断地改变供电状态,使伺服元件转过相应的步距角,再经过减速齿轮带动丝杠旋转,最后转换为移动部件的直线位移。移动部件的移动速度和位移量取决于输入脉冲的频率和数量。

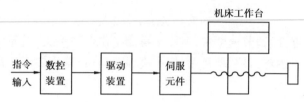

图 1.2 开环控制系统

这种开环控制系统的特点是结构简单,稳定性好,调试和维修方便,成本低。其缺点是控制精度较差,对进一步提高定位精度受到限制。在一些精度要求不太高的场合,开环控制系统是一个很实用的系统。特别是以高精度的步进电机作为伺服元件时,这种系统得到非常广泛的应用。

(2) 半闭环控制数控机床

在开环控制系统的丝杠上安装角位移检测装置(如感应同步器或光电编码器等),通过检测丝杠转角间接地得到移动部件的位移,然后反馈送至数控装置中,如图 1.3 所示。由于反馈量取自转角,而不是工作台的实际位移,即机床工作台未包括在反馈回路内,故称该系统为半闭环控制系统。

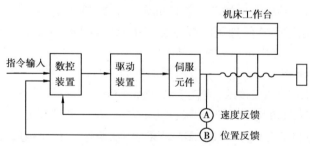

图 1.3 半闭环控制系统

这种系统由于没有把惯性大的工作台包含在闭环回路内,因此,该系统稳定性好,调试方便。系统的控制精度和机床的定位精度比开环系统高,而比全闭环系统低,因它并没有消除机床工作台的误差。

(3) 闭环控制数控机床

这种系统在机床移动部件上安装了直线位移检测装置,因为把机床工作台纳入了反馈回路,故称闭环控制系统,如图 1.4 所示。该系统将测量到的实际位移反馈到数控装置中,然后与指令值相比较而得到差值信号,由该差值信号控制工作台的运动,直至偏差为零。

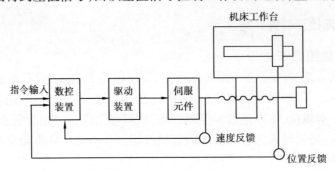

图 1.4　闭环控制系统

这种系统定位精度高、调节速度快,但由于机床工作台惯量大,对系统稳定性带来不利影响,同时也使调试、维修困难,且系统复杂,成本高,故只有在精度要求很高的机床中才采用这种系统。

1.4　数控机床的发展概况

1.4.1　数控机床的发展过程

自 1952 年出现第一台数控机床以来,随着计算机、自动控制、伺服驱动与自动检测等技术的迅速发展,表征数控机床的水平和决定数控机床功能与特性的数控系统,从第一代由电子管组成的系统,经历由晶体管和集成电路组成的系统,发展到目前的第六代基于 PC-NC 的智能数控系统,其发展异常迅速,更新换代十分频繁。

由于数控技术的发展极大地推动了数控机床的发展,在所有品种的机床实现单机数控化的同时,出现了用于箱体类零件加工的数控加工中心(Machining Center, MC),它具有自动更换刀具的功能,在一次装夹中可以完成箱体类零件的多面、多工序加工;近年来用于回转体的车削加工中心正在迅速增长,它能在完成车削加工的同时,兼有铣、镗、钻孔、攻丝等功能。加工中心机床的出现,加之 CNC 技术、信息技术、网络控制技术以及系统工程学的发展,为单机数控自动化向计算机控制的多机制造系统自动化方向发展,创造了必要的条件。后来出现的计算机群控系统即直接数控(Direct NC, DNC)系统,就是这一发展趋向的具体体现。DNC 系统使用一台较大型的计算机,控制与管理多台数控机床和数控加工中心,能进行多品种、多工序的自动加工。

柔性制造技术的发展,已经形成了在自动化程度和规模上不同的多种层次和级别的柔性制造系统。带有自动换刀装置(Automatic Tool Changer, ATC)的数控加工中心,是柔性制造的硬件基础,是制造系统的基本级别。其后出现的柔性制造单元(Flexible Manufacturing Cell, FMC),是较高一级的柔性制造技术,它一般由加工中心机床与自动更换工件(Automated Workpiece Changer, AWC)的随行托盘(Pallet)或工业机器人以及自动检测与监控技术装备所组成。在多台加工中心机床或柔性制造单元的基础上,增加刀具和工件在加工设备与仓储之间的流通传输和存储,以及必要的工件清洗和尺寸检查设备,并由高一级的计算机对整个系统进行控制和管理,这样就构成了柔性制造系统(Flexible Manufacturing System,FMS)。它可以实现多品种的全部机械加工或部件装配,DNC 的控制原理是它的控制基础。

随着科学技术和制造工业的飞速发展,迫切需要实现机器的智能化和脑力劳动自动化,以适应市场产品需求多变的要求。自动化制造技术不仅需要发展车间制造过程的自动化,而且要全面实现从生产决策、产品设计、市场预测直到销售的整个生产活动的自动化,特别是技术和管理科室工作的自动化,将这些要求综合成一个完整的生产制造系统,即所谓的计算机集成(综合)制造系统(Computer Integrated Manufacturing System,CIMS),它将一个制造工厂的生产活动进行有机的集成,以实现更高效益、更高柔性的智能化生产。这是当今自动化制造技术发展的最高阶段。

1.4.2　我国的发展情况

我国从 1958 年开始研究数控机械加工技术,20 世纪 60 年代针对壁锥、非圆齿轮等复杂形状的工件研制出了数控壁锥铣床、数控非圆齿轮插齿机等设备,保证了加工质量,减少了废品,提高了效率,取得了良好的效果。20 世纪 70 年代针对航空工业等急需加工复杂形状零件的情况,从 1973 年以来组织了数控机床攻关会战,经过 3 年努力,到 1975 年已试制生产了 40 多个品种 300 多台数控机床。据国家统计局资料,从 1973—1979 年,7 年内全国累计生产数控机床 4 108 台(其中 3/4 以上为数控线切割机床)。从技术水平来说,我国大致已达到国外 60 年代后期的技术水平。为了扬长避短,以解决用户急需,并争取打入国际市场,1980 年前后我国采取了暂从国外(主要是从日本和美国)引进数控装置和伺服驱动系统为国产主机配套的方针,几年内大见成效。1981 年,我国从日本发那科(FANUC)公司引进了 5,7,3 等系列的数控系统和直流伺服电机、直流主轴电机技术,并在北京机床研究所建立了数控设备厂,当年年底开始验收投产,1982 年生产约 40 套系统,1983 年生产约 100 套系统,1985 年生产约 400 套系统,伺服电机与主轴电机也配套生产。这些系统是国外 20 世纪 70 年代的水平,功能较全,可靠性比较高,这样就使机床行业发展数控机床有了可靠的基础,使我国的主机品种与技术水平都有较大的发展与提高。1982 年,青海第一机床厂生产的 XHK754 卧式加工中心,长城机床厂生产的 CK7815 数控车床,北京机床研究所生产的 JCS018 立式加工中心,上海机床厂生产的 H160 数控端面外圆磨床等,都能可靠地进行工作,并陆续形成了批量生产。1984 年仅机械工业部门就生产数控机床 650 台,全国当年总产量为 1 620 台,已有少数产品开始进入国际市场,还有几种合作生产的数控机床返销国外。1985 年,我国数控机床的品种已有了新的发展,除了各类数控线切割机床以外,其他各种金属切削机床(如各种规格的立式、卧式加工中心,立式、卧式数控车床,数控铣床,数控磨床等),也都有了极大的发展。新品种总计 45 种。到 1989 年底,我国数控机床的可供品种已超过 300 种,其中,数控车床占 40%,加工中心占 27%。2007 年,我国数控机床产量达到 12.3 万台,数控机床年产量已居世界首位。

现在我国已经建立了以中、低档数控机床为主的产业体系。一些较高档次的数控系统,如 5 轴联动数控系统、6 轴数控高速滚齿机等高精度数控机床、加工中心也相继研制成功并投入商用。自 20 世纪 90 年代以来,国内企业不断推出自行开发的新产品。国内许多商家还制造出 5 轴联动加工中心,如北京机电研究院研制出型号为 5C-VMC1250 的 5 轴联动加工中心。此外,在并联机床方面,我国也已经进入了实用阶段,开发了自主版权的虚拟轴机床数控系统和软件,这是我国机床创新方面的又一重大成果。此外,我国机床制造业在网络制造技术方面也取得了长足的发展,如华中数控系统股份公司与桂林机床股份公司联合研制出一套由 4 台机床组成的相同功能的网络制造系统,为实现生产制造过程的智能化奠定了坚实的基础。

1.4.3　数控机床的发展趋势

机床的数控化是 20 世纪 80 年代以来机床业发展的主流,而同时具有精密、柔性、高效的自动化设备——数控机床,无论在生产、使用,还是在国际贸易中所占份额(数控化率)的多少,已成为衡量一个国家工业化水平和综合实力的重要标志。随着社会的多样化需求和其相关技术的进步,数控机床将会向更广的领域和更深的层次发展。当前,数控机床技术呈现以下发展趋势:

(1)高精度化

机床制造的几何精度和机床使用的加工精度,近 10 年来已取得明显效果。普通级中等规格加工中心的定位精度已从 20 世纪 80 年代初期的 ± 0.012 mm/300 mm,提高到 80 年代后期的 $\pm 0.005 \sim 0.008$ mm/全程,20 世纪 90 年代初期的 $\pm 0.002 \sim 0.005$ mm/全程,当前为 $\pm 0.001 \sim 0.003$ mm/全程。

由于数控机床基础大件结构特性和热稳定性的提高,连同采用各种补偿技术和辅助措施,因而使机床的加工精度也有很大提高。普通级数控机床的加工精度已由原来的 ± 10 μm,提高到 ± 5 μm 和 ± 2 μm,精密级从 ± 5 μm 提高到 ± 1.5 μm。

(2)高速度化

提高生产率是机床技术发展追求的基本目标之一。而实现这个目标的最主要、最直接的方法就是提高切削速度和减少辅助时间。随着刀具、电机、轴承、数控系统等相关技术的突破,以及机床本身基础技术的进步,使各种运动速度大幅度提高。

提高主轴转速是提高切削速度的最直接、最有效的方法。近 10 年来,主轴转速已经翻了几番。20 世纪 80 年代中期,中等规格的加工中心主轴最高转速普遍为 4 000 ~ 6 000 r/min,到了 80 年代后期达到 8 000 ~ 12 000/min,90 年代初期相继出现了 15 000 r/min,20 000 r/min,30 000 r/min,50 000 r/min。

数控车床的主轴转速也从 10 年前的 1 000 ~ 2 000 r/min 提高到 5 000 ~ 7 000 r/min,数控高速磨削的砂轮线速度从 50 ~ 60 m/s 提高到 100 ~ 200 m/s。

根据最新的调查表明,加工中心实际切削时间一般不超过工作时间的 55%。因此,为提高生产率必须把非切削时间缩减到最短。它主要体现在提高快速移动速度和缩短换刀时间与工作台交换时间。

各坐标轴快速移动速度已由 10 年前的 8 ~ 12 m/min 提高到现在的 18 ~ 24 m/min,30 ~ 40 m/min 的机床也稳定用于生产,因而大大减少了非切削时间。

在缩短换刀时间和工作台交换时间方面也取得了较大进展。数控车床刀架的转位时间已从过去的 1 ~ 3 s 减少到 0.4 ~ 0.6 s。加工中心由于刀库和换刀结构的改进,使换刀时间从 5 ~ 10 s 减少到 1 ~ 3 s,很多已小于 1 s。而工作台交换时间也由过去的 12 ~ 20 s 减少到 6 ~ 10 s,有的已降到 2.5 s 以内。

(3)高柔性化

在数控机床的各种发展趋势中,作为隐含在所有新开发技术中的主导思想就是"柔性"。

柔性是指机床适应加工对象变化的能力。传统的自动化设备和生产线,由于是机械或刚性联接和控制的,当被加工对象变换时,调整很困难,甚至是不可能的,有时只得全部更新、更换。数控机床的出现,开创了柔性自动化加工的新纪元,对满足加工对象变换有很强的适应能力。而且,在提高单机柔性化的同时,正努力向单元柔性化和系统柔性化发展。如在数控机床软硬件的基础上,增加不同容量的刀库和自动换刀机械手,增加第二主轴,增加交换工作台装置,或配以工业机器人和自动运输小车,以组成新的加工中心、柔性加工单元(FMC)或柔性制造系统(FMS)。

实践证明,采用柔性自动化设备或系统,是提高加工精度和效率、缩短生产和供货周期,并能对市场变化需求做出快速反应和提高竞争能力的有效手段。

因此,近些年来,不仅中、小批量的生产方式在努力提高柔性化能力,就是在大批量生产方式中,也积极向柔性化方面转向。如出现了 PLC 控制的可调组合机床、数控多轴加工中心、换刀换箱式加工中心、数控三坐标动力单元等具有柔性的高效加工设备和介于传统自动线与FMS 之间的柔性自动线(FTL)。

最近,汽车工业还出现了一种选择不易受小故障影响的柔性系统加工方案的趋势。即生产结构整体的柔性系统加工方案的趋势。即从生产结构整体效益出发,将具有"全部加工"概念的加工中心和车削中心引用到大批量生产中。采用平行式布置替代串联式排列,以减少因一台机床故障而影响全线停机的损失。

(4)高自动化

这里指的柔性自动化包括物料流和信息流的自动化。

自 20 世纪 80 年代中期以来,以数控机床为主体的加工自动化已从"点"(单台数控机床)发展到"线"(FMS,FTL)的自动化和"面"(柔性制造车间)的自动化。结合信息管理系统的自动化,逐步形成整个工厂"体"的自动化。在国外,已出现 FA(自动化工厂)和 CIM(计算机集成制造)工厂的雏形实体。尽管由于这种高自动化的技术还不够完备,投资过大,回收期较长,但数控机床的高自动化以及向 FMC,FMS 的系统集成方向发展的总趋势仍然是机械制造业发展的主流。

数控机床(包括 FMC 和 FMS)除进一步提高其自动编程、自动换刀、自动上下料、自动加工等自动化程度外,在自动检测、自动监控、自动诊断、自动对刀、自动传输、自动调度、自动管理等方面也进一步得到发展,同时还提高了其标准化程度,达到 48~72 h 以上"无人化"管理正常生产的目标。

(5)复合化

复合化包含工序复合化和功能复合化。数控机床的发展已模糊了粗、精加工工序的概念。加工中心(包括车削中心、磨削中心、电加工中心等)的出现,又将车、铣、镗、钻等类的工序集中到一台机床来完成,打破了传统的工序界限和分开加工的工艺规程。一台具有自动换刀装置、自动交换工作台和自动转换立卧主轴头的镗铣加工中心,不仅一次装卡便可以完成镗、铣、钻、铰、攻丝和检验等工序,而且还可完成箱体件 5 个面粗、精加工的全部工序。

近年来,又相继出现了许多跨度更大的、功能集中的复合化数控机床。日本池贝铁工所的 TV4LⅡ立式加工中心,由于采用 U 轴,也可进行车加工。东芝机械的 GMC-95 立式加工中心,在一根主轴上既可进行切削又可进行磨削。美国 CINCINNATL MILACRON 公司生产的包括车、铣、镗型多用途制造中心。还有的复合化数控机床功能更强,如在一台车削中心上不仅可完成回转体的外圆和端面的车削加工,还可完成铣平面、钻偏心孔、钻斜孔、开曲线槽等加工。有些复合化机床可使刀具回转的加工中心或磨削中心与工件回转的车削中心复合,如意大利 SAFOP 的车、镗、铣、磨复合机床。德国 VOEST-ALPINT-STEINNEL 公司的 M30 型铣削-车削复合中心,ETA 公司 GILDEMISTER 复合式车-铣机床。还有成型机床与切削机床的复合,如瑞士 RASKIN 的冲孔、成型与激光切割复合机床,WHITNEY 公司的等离子加工与冲压复合机床等。

(6) 高可靠性

数控机床的可靠性是数控机床产品质量的一项关键性指标。数控机床能否发挥其高性能、高精度、高效率的特点,并获得良好的效益,关键取决于可靠性。因而,美、日、德等机床工业大国,已在机床产品中应用了可靠性技术,并取得了明显的进展。

衡量可靠性的重要的量化指标是平均无故障工作时间(MTBF),作为数控机床的大脑——数控系统的 MTBF 已由 20 世纪 70 年代的大于 3 000 h,80 年代的大于 1 0000 h,提高到 90 年代初的大于 3 0000 h。

数控机床整机的可靠性水平也有显著的提高。整机的 MTBF 从 20 世纪 80 年代初期的 100 ~ 200 h,已提高到现在的 500 ~ 800 h。

据我国吉林工业大学最近对国外进口的 46 台加工中心的调查考核结果看,单台 MTBF 最大值,卧式加工中心达到 867 h,立式加工中心达到 961 h。

目前,很多企业正在对可靠性设计技术、可靠性试验技术、可靠性评价技术、可靠性增长技术以及可靠性管理与可靠性保证体系等进行深入研究和广泛应用,以期使数控机床整机可靠性提高到一个新水平,增强市场的竞争能力。

(7) 宜人化

宜人化是一种新的设计思想和观点。它是将功能设计与美学设计有机结合,是技术与经济、文化、艺术的协调统一,核心是使产品变为更具魅力、更适销对路的商品,引导人们进入一种新的生活方式和工作方式。工业先进国家早已将其广泛用于各种产品的设计中。因此,它是经济腾飞、提高市场竞争能力的重要手段。

目前,国外机床生产厂家为了能在方案设计阶段就知道其产品的外观造型、色彩配置的效果,因而普遍采用计算机辅助工艺造型设计(CAID)技术,相继开发了商品化的 CAID 软件系统,致使国际市场上数控机床的品类、结构、造型、色彩发生了日新月异的变化。使用户在操作安全、使用方便、性能可靠的同时,还能体会一种享受感、舒服感、欣赏感,令人在心情愉快中完成工作。

(8) 设计 CAD 化

数控机床的设计是一项要求较高、综合性强、工作量大的工作。因此,应用 CAD 技术就更有必要,更为迫切。

随着计算机应用的普及和软件技术的发展,CAD(计算机辅助设计)技术得到了广泛应用。CAD 不仅可替代人工完成浩繁的绘图工作,更重要的是可进行设计方案选择和对大件、整机的静、动态特性的分析、计算、预测和优化设计,可对整机各工作部件进行动态仿真。在模块化的基础上,采用 CAD 可自动快速生成市场需要的产品,利用 CAD 技术进行机床外观造型设计,在设计阶段就可看到产品的三维几何模型和逼真的色彩。采用 CAD 还可大大提高工作效率,提高设计的一次成功率,从而缩短试制周期,降低成本,增加市场竞争能力。

在上述基本趋势发展的同时,值得一提的是数控机床的结构技术正在取得重大突破。近年来已出现了所谓 6 条"腿"结构的加工中心,如美国 GIDDINGS & LEWIS 公司的 VARIAX("变异型")加工中心,瑞士 GEODETIES 公司的 HEXAPOD(六足动物)加工中心,美国 IN-GERSOLL 公司的 OCTAHEDRAL HEXAPOD("八面体的六足动物")加工中心,以及俄罗斯 LAPIK 公司的 TM 系列加工中心。

这种新颖的加工中心是采用可以伸缩 6 条"腿"(伺服轴)支撑并联接上平台(装有主轴头)与下平台(装有工作台)的构架结构形式,取代传统的床身、立柱等支撑结构,成为没有任何导轨与滑板的所谓"虚轴机床"(VIRTUAL AXIS MACHINE)。它具有机械结构简单和运动轨迹计算复杂化的特征,其最显著的优点是机床基本性能相同,精度相当于坐标测量机,比传统的加工中心高 2～10 倍,刚度为传统加工中心的 5 倍,而在 66 m/min 的轮廓加工速度下,效率相当于传统加工中心的 5～10 倍。

第 **2** 章

数控机床编程基础

数控机床是严格按照从外部输入的程序来自动地对工件进行加工的。为了与数控系统的内部程序(即系统软件)及自动编程用的零件源程序相区别,将从外部输入的、直接用于加工工件的程序称为数控加工程序,简称加工程序。

加工程序是用自动控制语言和格式表示的一套命令,简称指令,它是机床数控系统的应用软件。数控装置所用的计算机属于专业计算机,它使用的自动控制语言与通用计算机使用的 JAVA,C$^+$ 等高级语言属于不同的范畴。

数控系统的种类繁多,它们使用的加工程序的语言规则和格式也千差万别。即使同一厂家生产的数控系统,不同型号所用的语言规则和格式也不尽相同。由于加工程序是人的意图与数控机床加工之间的桥梁,因此应很好地掌握它。本章仅介绍数控机床编程基础。

2.1 数控机床编程概述

2.1.1 数控加工程序编制的方法

数控加工程序编制的方法有以下两种:

(1)手工编程

手工编程是指主要由人工来完成数控加工程序编制中各个阶段的工作。对于几何形状不太复杂的零件,所需要的加工程序不长,计算也比较简单,出错机会较少,这时用手工编程较方便。因此,手工编程仍被广泛地应用于形状简单的点位加工及平面轮廓加工中。

对于一些复杂零件,特别是具有非圆曲线的表面,或者零件的几何元素不复杂,但程序量很大的零件,或当铣削轮廓时,数控系统不具备刀具半径自动补偿功能,而只能以刀具中心的运动轨迹进行编程等特殊情况,由于计算相当烦琐且程序量大,手工编程就难以胜任,即使能够编出程序,往往也要耗费很长时间,而且容易出现错误。据国外统计,用手工编程时,一个零件的编程时间与在机床上实际加工时间之比,平均为30:1。数控机床不能开动的原因中,有20%~30%是由于加工程序不能及时编制出来造成的。因此,为了缩短生产周期,提高数控机床的利用率,有效地解决各种模具及复杂零件的加工问题,采用手工编制程序已不能满足要求,而必须采用自动编制程序的办法。

(2)自动编程

自动编程是指在编程的各项工作中,除拟订工艺方案仍主要依靠人工进行外,其余的工作,包括数学处理、编写程序单、程序输入及程序校验等各项工作均由计算机自动完成。由于计算机自动编程代替程序编制人员完成了烦琐的数值计算工作,并省去了书写程序单及制作控制介质的工作量,同时解决了手工编程无法解决的许多复杂零件的编程难题。因此,自动编程主要用于曲面等复杂零件的程序编制。

2.1.2　手工编程的内容和步骤

手工编程的内容和步骤如图 2.1 所示。

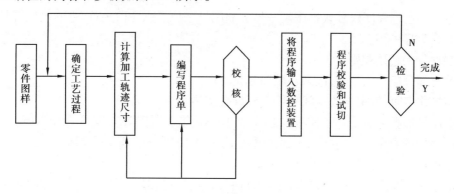

图 2.1　手工编程步骤流程

(1)确定工艺过程

根据零件图样进行工艺分析,在此基础上选定机床、刀具与夹具,确定零件加工的工艺路线、工步顺序以及切削用量等工艺参数。这些工作与普通机床加工零件时的编制工艺规程基本相同。

(2)计算加工轨迹和加工尺寸

根据零件图样上的尺寸及工艺路线的要求,在规定的坐标系内计算零件轮廓和刀具运动的轨迹的坐标值,如几何元素的起点、终点、圆弧的圆心、几何元素的交点或切点等坐标尺寸,有时还包括由这些数据转化而来的刀具中心轨迹的坐标尺寸,以这些坐标值作为编程的尺寸。这一步骤通常称为数值计算或几何计算。

(3)编制加工程序单及初步校验

根据制订的加工路线、切削刀量、刀具号码、刀具补偿、辅助动作及刀具运动轨迹,按照机床数控装置使用的指令代码及程序格式,编写零件加工程序单,并须校核、检查上述两个步骤中的错误。

(4)程序输入数控装置

目前的数控机床输入程序的方式很灵活。例如,机床可调取与之相连计算机中编写并存储的程序清单,也可通过机床上的 USB 接口读取存于便携式存储器里的程序清单。若程序较简单,也可直接将其通过键盘输入数控装置。

(5)程序校验

所输入的程序必须经过进一步的校验才能用于正式加工。常用的方法是进行机床的空运转检查,目前很多机床均有模拟加工功能,以此功能也可以实现程序的校验。

2.1.3　常见程序字及其功能

程序字的简称是字,它是机床数字控制的专用术语。它的定义是一套有规定次序的字符,可作为一个信息单元存储、传递和操作,如 X250 就是“字”。常规加工程序中的字都是由地址字符(或称为地址符)与随后的若干位十进制数字字符组成的。地址字符与后续数字字符间可加正、负号,正号可省略不写。常用的程序字按其功能不同可分为 7 种类型,它们分别称为顺序号字、准备功能字、尺寸字、进给功能字、主轴转速功能字、刀具功能字及辅助功能字。

(1)顺序号字

顺序号字也称程序段号或程序段序号。顺序号字位于程序段之首,它的地址符是 N 或冒号(:),后续数字一般为 2~4 位。

1)顺序号的使用规则

①数字部分应为正整数,故最小顺序号是 N1。

②N 与数字间、数字与数字间一般不允许有空格。

③顺序号的数字可不连续使用,如第 1 段用 N1、第 2 段用 N10、第 3 段用 N15。

④顺序号的数字不一定要从小到大使用,如第 1 段用 N10、第 2 段用 N2。

⑤顺序号不是程序段的必用字。

⑥对于整个程序,可每个程序段都设顺序号,也可只在部分程序段中设顺序号。

2)顺序号的作用

①便于人们对程序做校对和检索修改。

②便于在图上标注。在加工轨迹图的几何基点处可标上相应程序段的顺序号。

③用于程序段复归操作。程序段复归操作也称“再对准”,就是指在加工中因为各种原因造成加工程序中断,排除故障后需要重新回到中断处继续运行程序。这种复归操作必须有顺序号才能进行。

(2)准备功能字

准备功能字的地址符是 G,故又称为 G 功能或 G 指令。目前,G 指令有国际和国家标准。它的定义是建立机床或控制系统工作方式的一种命令。准备功能字中的后续数字大多为两位正整数(包括 00)。不少机床此处的前置“0”允许省略,如 G4,实际是 G04。随着数控机床功能的增加,G00—G99 已不够使用,故有些数控系统的 G 功能字中的后续数字已经使用三位数。现在国际上实际使用的 G 功能字的标准化程度较低,只有 G00—G04,G17—G19,G40—G42 的含义在各系统基本相同。有些数控系统规定可使用几类 G 指令。在这说明,用户在编程时必须遵照机床编程说明书行事,不可张冠李戴。

(3)尺寸字

尺寸字也称尺寸指令。尺寸字在程序段中主要用来指令机床的运动部件到达的坐标位置,表示暂停时间等指令也列入其中。尺寸字的地址符用得较多的有以下 3 组:第一组是 X,Y,Z,U,V,W,P,Q,R,主要是用于指令到达点的直线坐标尺寸,有些地址符如 X 还可用于在 G04 之后指定暂停时间;第二组是 A,B,C,D,E,主要是用来指令到达点的角度坐标;第三组是 I,J,K,主要用来指令零件圆弧轮廓圆心点的坐标尺寸。尺寸字中地址符的使用虽然有一定规律,但是各系统往往还有一些差别。

（4）进给功能字

进给功能字的地址符用 F,故又称为 F 功能或 F 指令。它的功能是指令切削的进给速度。现在一般都能使用直接指定方式,即可用 F 后的数字直接指定进给速度。对于车床,可分为每分钟进给和主轴每转进给两种。

（5）主轴转速功能字

主轴转速功能字用来指定主轴的转速(单位为 r/min),其地址符使用 S,故又称为 S 功能或 S 指令。中档以上的数控机床的主轴驱动已采用主轴控制单元,它们的转速可直接指令,即用 S 的后续数字直接表示每分钟主轴转速。例如,要求 1 300 r/min,则指令为 S1300。对于中档以上的数控车床,还有一种使切削线速度保持不变的所谓恒线速度功能。这意味着在切削过程中,如果切削部位的回转直径不断变化,那么主轴转速也要不断地作相应变化。在这种场合,程序中的 S 指令是指定车削加工的线速度。

（6）刀具功能字

刀具功能字用地址符 T 及随后的数字表示,故也称为 T 功能或 T 指令。T 指令的功能含义主要是用来指定加工时用的刀具号。例如,T1 或 T01 表示调用 1 号刀具进行切削加工。

（7）辅助功能字

辅助功能字由地址符 M 及随后 1~3 位数字组成(大多为两位),故也称为 M 功能或 M 指令。它用来指令数控机床辅助装置的接通和断开(即开关动作),表示机床各种辅助动作及其状态。随着机床数控技术的发展,两位数 M 代码已不够使用,因此,当代数控机床已有不少使用三位数的 M 代码。常用 M 代码如下:

M00:程序暂停。在自动加工过程中,当程序运行至 M00 时,程序停止执行,同时主轴停,切削液关闭。在需要时可用 NC 启动命令(CYCLE START)使程序继续运行。

M01:计划暂停。程序中的 M01 通常与机床操作面板上的"任选停止按钮"配合使用。当"任选停止按钮"为"ON",执行 M01 时,与 M00 功能相同;当"任选停止按钮"为"OFF",执行 M01 时,程序不停止。

M03:主轴正转。从主轴向 +Z 方向看去,主轴顺时针方向旋转为正转。

M04:主轴反转。从主轴向 +Z 方向看去,主轴逆时针方向旋转为正转。

M05:主轴旋转停止。

M08:冷却液开。

M09:冷却液关。

M02:程序停止,程序执行指针不会复位到起始位置。

M30:程序停止,程序执行指针将复位到起始位置。

2.1.4　程序结构和程序段格式

（1）程序结构

一个完整的数控程序由程序号、程序内容和程序结束 3 部分组成。下面为一简单数控加工程序:

O0001

N01 T0101 M03 S800;

N02 G00 X14 Z5

N03 G01 Z0 F80

N04 X18 Z-2

N05 W-16

N06 G03 X24 W-16 R25 F85

N07 G01 X28 W-10 F80

N08 W-8

N09 G00 X100 Z100

N10 M05

N11 M02

该程序由 11 个程序段组成。程序的开头 O0001 为程序编号,便于从数控装置的存储器中检索。程序编号由地址符 O 或 P(有些系统也可用"%")和跟随地址符后面的 4 位数字组成。程序内容由程序段号 N01—N10 中的内容组成。程序结束是以程序结束指令 M02 或 M30 作为整个程序结束的符号来结束程序。程序结束指令应位于最后一个程序段。

(2) 程序段格式

数控加工程序是由若干程序段组成的,而程序段是由若干程序字组成的。程序字包括由英文字母表示的地址符和跟随其后的数字、字符组成。程序段格式是程序段的书写规则。常用的程序段格式有 3 种:

1)字地址程序段格式

这是目前最常用的程序段格式。这种格式是以地址符开头后面跟随数字或符号组成程序字,每个程序字根据地址来确定其含义,因此不需要的程序字或与上一程序段相同的程序字都可省略。各程序字也可不按顺序。一个程序段由若干程序字组成。

下面列出某程序中的两个程序段:

N30 G01 X88.467 Z47.5 F150;

N35 X75.4;

此种格式的程序比较直观,便于检查,广泛用于车、铣等数控机床。

2)固定顺序程序段格式

例如:<u>007</u>　<u>01</u>　<u>+03500</u>　<u>-12600</u>　<u>15</u>　<u>30</u>　<u>02</u>　LF

　　　N　　G　　X　　　　Y　　　F　　S　　M　　;

这种格式的程序中无地址符,而字的顺序和程序的长度是固定的,不能省略。这种格式的数控系统简单,但程序太长,也不直观,故当前已应用较少。

3)用分隔符的程序段格式

例如:<u>007</u> TAB <u>01</u> TAB <u>+03500</u> TAB <u>-12600</u> TAB <u>150</u> TAB <u>300</u> TAB <u>02</u> LF

　　　N　　　G　　　X　　　　　Y　　　　F　　　S　　　M　　;

这种格式同样不使用地址符,但字的顺序是固定的。各字之间用分隔符"TAB"隔开,以表示地址的顺序。由于有分隔符,故不需要的字可省略,但必须保留相应的分隔符。

2.2　数控机床的坐标系

数控加工是基于数字信息的加工,刀具与工件的相对位置必须在相应坐标系下才能确定。为指定一个点的位置,常用坐标的方式进行描述。在坐标系下,可指定 X,Y 和 Z 方向的数字来描述任何一个点。原点坐标通常为 X0,Y0,Z0。

在车削加工中一个平面足以描述工件的轮廓线,如图 2.2 所示。

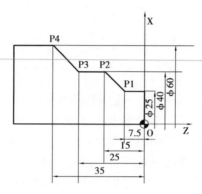

图 2.2　轴类零件示意图

例如,P1—P4 点由以下坐标确定:

P1 对应于 X25　Z-7.5;

P2 对应于 X40　Z-15;

P3 对应于 X40　Z-25;

P4 对应于 X60　Z-35。

数控机床的坐标系统包括坐标系、坐标原点和运动方向。对于数控工艺制订、编程及操作来说,坐标系统是一个十分重要的概念。例如,在考虑装夹方案时,在数控机床上找正或定位时,要保证的是工件坐标系与机床坐标系的相对位置关系,即保证工件坐标系各坐标轴与机床坐标系各对应坐标轴平行、正方向一致,工件坐标系原点位置则由对刀保证。由于工件在数控机床上一次安装往往加工许多工艺内容,工序集中,在确定工件坐标系时需考虑的因素必然很多。因此,每一个数控工艺员、编程员和数控机床的操作者,都必须对数控机床的坐标系统有一个完整且正确的理解,否则,工艺制订、程序编制将发生混乱,操作时更会发生事故。

2.2.1　数控机床坐标系及其相关规定

为了使数控系统规范化(标准化、开放化)及简化数控编程,ISO 对数控机床规定了标准坐标系。

标准坐标系采用右手直角笛卡儿定则。基本坐标轴为 X,Y,Z 并构成直角坐标系,相应每个坐标轴的旋转坐标分别为 A,B,C,如图 2.3 所示。

基本坐标轴 X,Y,Z 的关系及其正方向用右手笛卡儿直角坐标系判定,拇指为 X 轴,食指为 Y 轴,中指为 Z 轴,围绕 X,Y,Z 各轴的回转运动及其正方向 +A,+B,+C 分别用右手螺旋

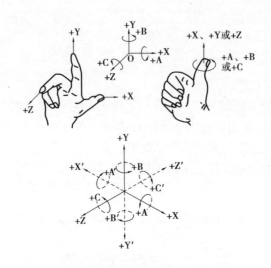

图 2.3　数控机床标准坐标系

定则判定,拇指为 X,Y,Z 的正向,四指弯曲的方向为对应的 A,B,C 的正向。与 + X, + Y, + Z, + A, + B, + C 相反的方向相应用带"′"的 + X′, + Y′, + Z′, + A′, + B′, + C′ 表示。注意, + X′, + Y′, + Z′ 之间不符合右手笛卡儿直角坐标系定则。

由于数控机床各坐标轴既可是刀具相对于工件运动,也可是工件相对于刀具运动,因此 ISO 标准规定:

①不论机床的具体结构是工件静止、刀具运动,还是工件运动、刀具静止,在确定坐标系时,一律看做是刀具相对静止的工件运动。

②机床的直线坐标轴 X,Y,Z 的判定顺序是先 Z 轴,再 X 轴,最后按右手笛卡儿直角坐标系判定 Y 轴。

③坐标轴名(X,Y,Z,A,B,C)不带"′"的表示刀具运动,带"′"的表示工件运动,如图 2.4 所示。

④增大工件与刀具之间距离的方向为坐标轴正方向。

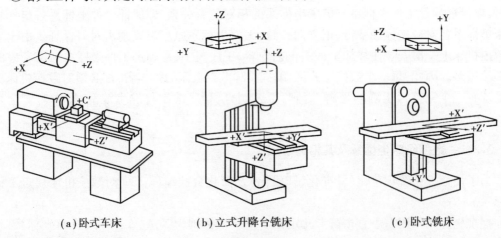

(a)卧式车床　　　　　　(b)立式升降台铣床　　　　　　(c)卧式铣床

图 2.4　数控机床坐标系(一)

2.2.2　坐标系判定的方法和步骤

(1)Z 轴

规定平行于机床主轴轴线的坐标轴为 Z 轴(见图 2.4)。对于有多个主轴或没有主轴的机床(如刨床),标准规定垂直于工件装夹面的轴为 Z 轴。对于能摆动的主轴,若在摆动范围内仅有一个坐标轴平行主轴轴线,则该轴即为 Z 轴;若在摆动范围内有多个坐标轴平行主轴轴线,则规定其中垂直于工件装夹面的坐标轴为 Z 轴。规定刀具远离工件的方向为 Z 轴的正方向。

(2)X 轴

对于工件旋转的机床,X 轴的方向是在工件的径向上,且平行于横滑座,刀具离开工件旋转中心的方向为 X 轴正方向;对于刀具旋转的立式机床,规定水平方向为 X 轴方向,但当从刀具(主轴)向立柱看时,X 轴正向在右边;对于刀具旋转的卧式机床,规定水平方向仍为 X 轴方向,且从刀具(主轴)尾端向工件看时,右手所在方向为 X 轴正方向(见图 2.4)。

(3)Y 轴

Y 轴垂直于 X,Z 坐标轴。Y 轴的正方向根据 X 坐标轴和 Z 坐标轴的正方向,按照右手笛卡儿直角坐标系来判断。

(4)旋转运动 A,B 和 C

A,B 和 C 表示其轴线分别平行于 X,Y 和 Z 坐标的旋转运动。A,B 和 C 的正方向可按如图 2.3 所示右手螺旋定则确定。

(5)附加坐标轴的定义

如果在 X,Y,Z 坐标以外,还有平行于它们的坐标,可分别指定为 U,V,W,如图 2.5 所示。若还有第三组运动,则分别指定为 P,Q 和 R。

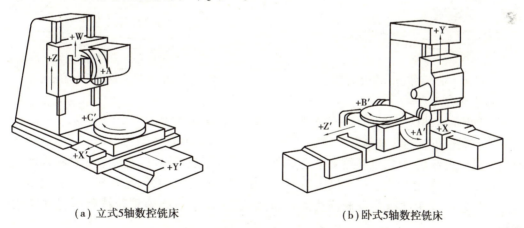

(a)立式5轴数控铣床　　　　　　　　　(b)卧式5轴数控铣床

图 2.5　数控机床坐标系(二)

(6)主轴正旋转方向与 C 轴正方向的关系

从主轴尾端向前端(装刀具或工件端)看顺时针方向旋转为主轴正方向。对于卧式数控车床,主轴的正旋转方向与 C 轴正方向相同。对于钻、镗、铣、加工中心机床,主轴的正旋转方向为右螺旋进入工件的方向,与 C 轴正方向相反。因此,不能误认为 C 轴正向即为主轴正旋转方向。

2.2.3 坐标原点

(1)机床坐标系、机床原点与机床参考点

1)机床坐标系

机床坐标系是机床上固有的坐标系,如图2.6、图2.7所示,是用来确定工件坐标系的基本坐标系,是确定刀具(刀架)或工件(工作台)位置的参考坐标系。机床坐标系建立在机床原点上,各坐标和运动正方向按前述标准坐标系规定设定。

2)机床原点

现代数控机床都有一个基准位置,称为机床原点,是机床制造商设置在机床上的一个固定位置(见图2.6、图2.7)。机床上有一些固定的基准线(如主轴中心线)及固定的基准面、工作台面、主轴端面和T形槽侧面等。机床原点一般设在主轴位于正极限位置的主轴端面上,当机床的坐标轴手动返回各自的零点以后,用各坐标轴部件上基准线和基准面之间的给定距离来决定机床原点的位置。

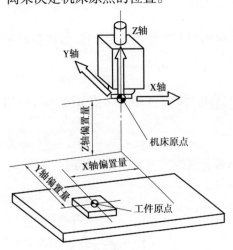

图2.6 立式数控机床的坐标系

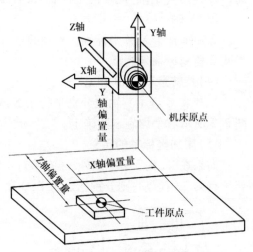

图2.7 卧式数控机床的坐标系

3)机床参考点

与机床原点相对应的还有一个机床参考点,它也是机床上的一个固定点。一般来说,该极限位置通过机械挡块来调整和确定,但必须位于各坐标轴的移动范围内。为了在机床工作时建立机床坐标系,要通过参数来指定参考点到机床原点的距离,此参数通过精确测量来确定。机床工作前,必须先进行回机床参考点动作,各坐标轴回零后,才可建立机床坐标系。参考点的位置可以通过调整机械挡块的位置来改变,改变后必须重新精确测量并修改机床参数。

一般情况下,数控铣床和加工中心的机床参考点与机床原点重合。

(2)工件坐标系与工件坐标系原点

1)工件坐标系

工件坐标系是编程人员在编程时设定的坐标系,也称为编程坐标系。在进行数控编程对,首先要根据被加工零件的形状特点和尺寸,在零件图纸上建立工件坐标系,使零件上的所有几何元素都有确定的位置,同时也决定了在数控加工时,零件在机床上的安装方向。工件坐标系的建立,包括坐标原点的选择和坐标轴的确定。

2)工件坐标系原点

工件坐标系原点是由编程人员根据编程计算方便、机床调整方便、对刀方便,以及在毛坯上位置确定的方便性等具体情况定义在工件上的几何基准点,一般是零件图上最重要的设计基准点。编程人员以零件上的某一固定点为原点建立工件坐标系,编程尺寸均按工件坐标系中的尺寸给定,编程是按工件坐标系进行的。

2.2.4 绝对坐标与相对坐标

坐标系内所有几何点或位置的坐标值均从坐标原点标注或计量,这种坐标值称为绝对坐标,如图 2.8(a)所示。坐标系内某一位置的坐标尺寸用相对于前一位置的坐标尺寸的增量进行标注或计量,即后一位置的坐标尺寸是以前一位置为零进行标汴的,这种坐标值称为相对(增量)坐标,如图 2.8(b)所示。编程时,要根据零件的加工精度要求及编程方便与否选用坐标类型。在数控程序中,绝对坐标与相对坐标可单独使用,也可在不同程序段上交叉设置使用。

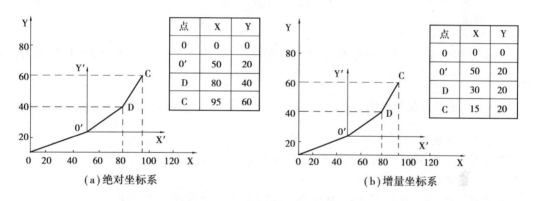

点	X	Y
0	0	0
0′	50	20
D	80	40
C	95	60

(a)绝对坐标系

点	X	Y
0	0	0
0′	50	20
D	30	20
C	15	20

(b)增量坐标系

图 2.8 绝对坐标与相对坐标

第 **3** 章

数控车床加工与编程

3.1 概 述

对于旋转类模具零件,一般采取数控车削加工,如车外圆、车孔、车平面、车锥面等。酒瓶、酒杯、保龄球、转向盘等模具零件,都可采用数控车削加工。

3.1.1 数控车床的分类

(1)按车床主轴位置分类
按车床主轴位置可分为立式数控车床和卧式数控车床。

(2)按系统控制原理分类
按系统控制原理可分为开环、半闭环、闭环、混合环控制型数控车床。

(3)按控制系统功能水平分类
按控制系统功能水平可分为经济型数控车床、普通数控车床和车削加工中心。

3.1.2 数控车床的结构

(1)数控车床的结构特点
数控车床与普通卧式车床在结构形式上有许多相似之处,其结构仍然是由主轴箱、刀架、进给系统、床身以及液压、气压、润滑系统等部分组成。但数控车床的进给系统与卧式车床在结构上有本质区别。卧式车床的进给系统是经过交换齿轮架、进给箱、溜板箱传到刀架实现纵向和横向进给运动,而数控车床是采用伺服电动机经滚珠丝杠传到滑板和刀架,实现 Z 向(纵向)和 X 向(横向)的进给运动。

(2)数控车床的布局
1)床身和导轨的布局
数控车床的床身和导轨有多种形式,主要有水平床身、倾斜床身、水平床身斜滑鞍等,它构成机床主机的基本骨架。
根据床身和导轨相对于水平面位置的不同,数控车床的布局通常有以下 4 种形式:

①水平床身

如图 3.1(a)所示,水平床身的工艺性好,便于导轨面的加工。水平床身上配有水平放置的刀架可提高刀架的运动精度。但水平床身下部空间小,排屑困难。

②水平床身斜导轨

如图 3.1(b)所示,这种布局形式一方面具有水平床身工艺好的特点,另一方面机床宽度尺寸较水平配置导轨的要小,且排屑容易。

③斜床身

如图 3.1(c)所示,斜床身的导轨倾斜角分别为 30°,45°,60°和 75°等。它具有排屑容易、操作方便、机床占地面积小、外形美观等优点,但大的倾斜角度使得导轨的导向性和受力变差,因此在中小型车床运用较为普遍。

④立床身

如图 3.1(d)所示,从排屑的角度看,立床身布局最好,切屑自由落下,不易损伤导轨面,导轨的维护和防护比较简单,但机床的精度不如其他 3 种布局形式,故应用较少。

综上所述,数控车床的床身和导轨的布局形式不仅影响数控车床的结构和外观,而且直接影响数控车床的使用性能。

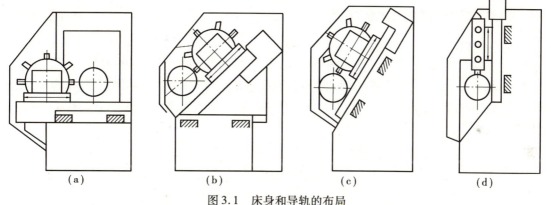

图 3.1 床身和导轨的布局

(a)水平床身 (b)水平床身斜导轨 (c)斜床身 (d)立床身

2)刀架的布局

刀架是数控车床普遍采用的一种简单的换刀装置。刀架的结构形式如图 3.2、图 3.3 所示。

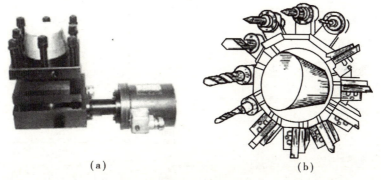

图 3.2 刀架的结构形式(一)

(a)四工位刀架 (b)转塔式刀架

刀架的换刀过程是接受换刀指令→松开夹紧机构→分度定位→粗定位→精定位→锁紧→发出动作完成回答信号。驱动刀架的工作动力有电动和液压两种。

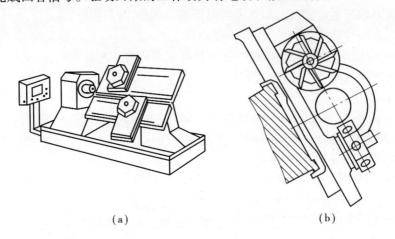

（a）   （b）

图 3.3　刀架的结构形式(二)
(a)平行交错双刀架　(b)垂直交错双刀架

3.1.3　数控车床的技术参数

数控车床的主要技术参数有:最大回转直径;最大车削直径;最大车削长度;最大棒料尺寸;主轴转速范围;X,Z 轴行程;X,Z 轴快速移动速度;定位精度;重复定位精度;刀架行程;刀位数;刀具装夹尺寸;主轴头形式;主轴电机功率;进给伺服电机功率;尾座行程;卡盘尺寸;机床质量;轮廓尺寸(长×宽×高)等等,下面以 CK6140 数控车床为例来说明它的技术参数(见表 3.1)。

表 3.1　CK6140 数控车床的技术参数

项　目	单　位	参　数
型号:CK6140		
最大车削直径	mm	400
最大工件高度	mm	750
电机功率	kW	4
主轴转速范围	r/min	90～450～1 800 无级变速
刀库容量		4(6)
主轴内孔直径	mm	52
X 轴进给范围	mm/min	3 000
Z 轴进给范围	mm/min	6 000
X 轴行程	mm	300
Z 轴行程	mm	680
机床质量	kg	2 200
机床外形尺寸(长×宽×高)	mm	2 170×1 567×1 512

3.1.4　数控车床的编程特点

①可采用绝对坐标编程、增量坐标编程或混合编程。

②X 轴的脉冲当量取为 Z 轴脉冲当量的 1/2。

③X 坐标一般以工件的直径值表示。

④固定循环,可实现多次重复循环切削。

⑤具备刀尖半径补偿功能。

3.2　数控车削加工工艺

3.2.1　数控车削加工的主要对象

与传统车床相比,数控车床比较适合于车削具有以下要求和特点的回转体零件:

(1)精度要求高的零件

由于数控车床的刚性好,制造和对刀精度高以及能方便和精确地进行人工补偿甚至自动补偿,因此,它能够加工尺寸精度要求高的零件。在有些场合可以车代磨。此外,由于数控车削时刀具运动是通过高精度插补运算和伺服驱动来实现的,再加上机床的刚性好和制造精度高,因此,它能加工对母线直线度、圆度、圆柱度要求高的零件。

(2)表面粗糙度好的回转体零件

数控车床能加工出表面粗糙度小的零件,不但是因为机床的刚性好和制造精度高,还由于它具有恒线速度切削功能。在材质、精车余量和刀具已定的情况下,表面粗糙度取决于进给速度和切削速度。使用数控车床的恒线速度切削功能,就可选用最佳线速度来切削端面,这样切出的粗糙度既小又一致。数控车床还适合于车削各部位表面粗糙度要求不同的零件。粗糙度小的部位可用减小进给速度的方法来达到,而这在传统车床上是做不到的。

(3)轮廓形状复杂的零件

数控车床具有圆弧插补功能,故可直接使用圆弧指令来加工圆弧轮廓。数控车床也可加工由任意平面曲线所组成的轮廓回转零件,既能加工可用方程描述的曲线,也能加工列表曲线。如果说车削圆柱零件和圆锥零件既可选用传统车床也可选用数控车床,那么车削复杂回转体零件就只能使用数控车床。

(4)带一些特殊类型螺纹的零件

传统车床所能切削的螺纹相当有限,它只能加工等节距的直、锥面公、英制螺纹,而且一台车床只限定加工若干种节距。数控车床不但能加工任何等节距直、锥面,公、英制和端面螺纹,而且能加工增节距、减节距,以及要求等节距、变节距之间平滑过渡的螺纹。数控车床加工螺纹时,主轴转向不必像传统车床那样交替变换,它可连续循环直至加工完成,因此,它车削螺纹的效率很高。数控车床还配有精密螺纹切削功能,再加上一般采用硬质合金成形刀片,以及可使用较高的转速,故车削出来的螺纹精度高、表面粗糙度小。因此,包括丝杠在内的螺纹零件很适合于在数控车床上加工。

(5)超精密、超低表面粗糙度的零件

磁盘、录像机磁头、激光打印机的多面反射体、复印机的回转鼓、照相机等光学设备的透镜等零件,要求超高的轮廓精度和超低的表面粗糙度,它们适合在高精度、高性能的数控车床上加工。超精加工的轮廓精度可达到$0.1~\mu m$,表面粗糙度可达$0.02~\mu m$。超精车削零件的材质以前主要是金属,现已扩大到塑料和陶瓷。

3.2.2　数控车削加工工艺

在选择并决定数控车床加工零件及其加工内容后,应对零件的数控车床加工工艺性进行全面、认真、仔细的分析。其主要内容包括产品的零件图样分析、零件结构工艺性分析与零件毛坯的工艺性分析等内容。

(1)零件图分析

首先应熟悉零件在产品中的作用、位置、装配关系和工作条件,搞清楚各项技术要求对零件装配质量和使用性能的影响,找出关键的技术要求,然后对零件图样进行分析。零件图工艺分析是工艺制订中的首要工作,主要包括以下内容:

1)尺寸标注方法分析

零件图上尺寸标注方法应适应数控车床加工的特点,如图3.4所示,应以同一基准标注尺寸或直接给出坐标尺寸。这种标注方法既便于编程,又有利于设计基准、工艺基准、测量基准和编程原点的统一。

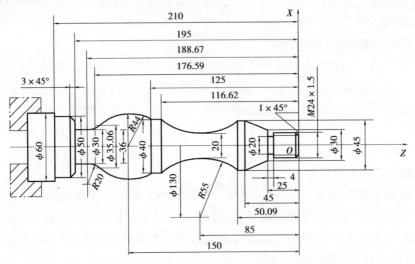

图3.4　零件尺寸标注分析

2)轮廓几何要素分析

在手工编程时,要计算每个节点坐标;在自动编程时,要对构成零件轮廓的所有几何元素进行定义。因此在分析零件图时,要分析几何元素的给定条件是否充分。

如图3.5所示几何要素中,根据图示尺寸计算,圆弧与斜线相交而并非相切。又如图3.6所示几何要素中,图样上给定条件自相矛盾,总长不等于各段长度之和。

3)精度及技术要求分析

对被加工零件的精度及技术要求进行分析,是零件工艺性分析的重要内容,只有在分析

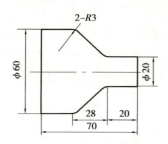

图3.5 几何要素缺陷示例一

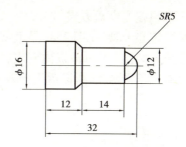

图3.6 几何要素缺陷示例二

零件尺寸精度和表面粗糙度的基础上,才能正确地选择加工方法、装夹方式、刀具及切削用量等。精度及技术要求分析的主要内容如下:

①分析精度及各项技术要求是否齐全,是否合理。

②分析本工序的数控车削加工精度能否达到图样要求,若达不到,需采取其他措施(如磨削)弥补,则应给后续工序留有余量。

③找出图样上有位置精度要求的表面,这些表面应在一次安装下完成。

④对表面粗糙度要求较高的表面,应确定用恒线速切削。

(2)结构工艺性分析

零件的结构工艺性是指零件对加工方法的适应性,即所设计的零件结构应便于加工成形,在数控车床上加工零件时,应根据数控车削的特点,认真审视零件结构的合理性。如图3.7(a)所示零件,需要3把不同宽度的切槽刀切槽,如无特殊需要,显然是不合理的,若改成如图3.7(b)所示结构,只需一把刀即可切出3个槽。这样既减少了刀具数量,少占了刀架位,又节省了换刀时间。在结构分析时,若发现问题应向设计人员或有关部门提出修改意见。

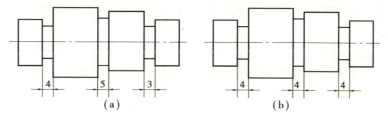

图3.7 结构工艺性示例

(3)零件安装方式的选择

数控车床上零件安装方法与普通车床一样,要尽量选用已有的通用夹具装夹,且应注意减少装夹次数,尽量做到在一次装夹中能把零件上所有要加工表面都加工出来。零件定位基准应尽量与设计基准重合,以减少定位误差对尺寸精度的影响。

数控车床多采用三爪自定心卡盘夹持零件,轴类零件还可采用尾座顶尖支承零件。由于数控车床主轴转速极高,为便于零件夹紧,多采用液压高速动力卡盘,因它在生产厂已通过了严格平衡,具有高转速(极限转速可达4 000～6 000 r/min)、高夹紧力(最大推拉力为2 000～8 000 N)、高精度、调爪方便、通孔、使用寿命长等优点。还可使用软爪夹持零件,软爪弧面由操作者随机配制,可获得理想的夹持精度。通过调整油缸压力,可改变卡盘夹紧力,以满足夹持各种薄壁和易变形零件的特殊需要。为减少细长轴加工时受力变形,提高加工精度,以及在加工带孔轴类零件内孔时,可采用液压自动定心中心架,其定心精度可达0.03 mm。此外,数控车床加工中还有其他相应的夹具。下面主要介绍几种常见的车床夹具。

31

1)三爪自定心卡盘方式

三爪自定心卡盘(见图3.8)是最常用的车床能用卡盘,其3个爪是同步运动的,能自动定心(定心误差在0.05 mm以内),夹持范围大,一般不需要找正,装夹效率比四爪卡盘高,但夹紧力没有四爪卡盘大,所以适用于装夹外形规则、长度不太长的中小型零件。

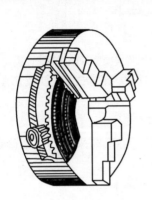

图3.8 三爪卡盘示意图

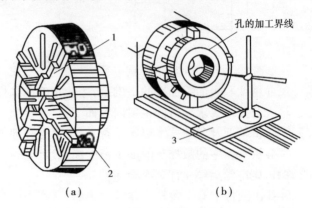

（a）　　　　　　　（b）

图3.9 四爪单动卡盘
（a）四爪单动卡盘 　　（b）四爪单动卡盘装夹工件
1—卡爪;2—螺杆;3—木板

2)四爪单动卡盘

四爪单动卡盘(见图3.9),它的4个对分布卡爪是各自独立运动的,因此工件装夹时必须调整工件夹持部位在主轴上的位置,使工件加工面的回转中心与车床主轴的回转中心重合。四爪单动卡盘找正比较费时,只能用于单件小批量生产。四爪单动卡盘的优点是夹紧力大,但装夹不如三爪自定心卡盘方便,故适用于装夹大型或不规则的零件。

3)双顶尖

对于长度较长或必须经过多次装夹才能加工的零件,如细长轴、长丝杠等的车削,或工序较多,为保证每次装夹时的装夹精度(如同轴度要求),可用两顶尖装夹(见图3.10)。两顶尖装夹零件方便,不需找正,装夹精度高。

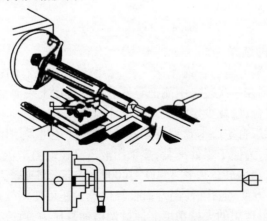

图3.10 两顶尖装夹工件

利用两顶尖装夹定位还可加工偏心工件,如图3.11所示。

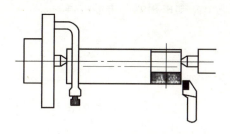

图 3.11　两顶尖车偏心轴

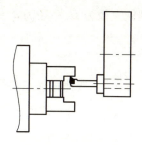

图 3.12　加工软爪

4)软爪

当成批加工某一工件时,为了提高三爪自定心卡盘的定心精度,可采用软爪结构,即采用黄铜或软钢焊在 3 个卡爪上,然后根据工件形状和直径把 3 个软爪的夹持部分直接在车床上车出来(定心误差只有 0.01～0.02 mm)。软爪是在使用前配合被加工工件特别制造的(见图 3.12),如加工成圆弧面、圆锥面或螺纹等形式,可获得理想的夹持精度。

5)花盘、弯板

当在非回转体零件上加工圆柱面时,由于车削效率较高,经常用花盘、弯板进行工件装夹。

(4)数控车削加工工艺路线的拟订

1)加工工序划分

①保持精度原则

数控加工要求工序尽可能集中,通常粗、精加工在一次装夹下完成,为减少热变形和切削力变形对工件的形状、位置精度、尺寸精度和表面粗糙度的影响,应将粗、精加工分开进行。对轴类或盘类零件,将待加工面先粗加工,留少量余量精加工,来保证表面质量要求。对轴上有孔、螺纹加工的工件,应先加工表面而后加工孔、螺纹。

②提高生产效率原则

数控加工中,为减少换刀次数,节省换刀时间,应将需用同一把刀加工的加工部位全部完成后,再换另一把刀来加工其他部位。同时,应尽量减少空行程,用同一把刀加工工件的多个部位时,应以最短的路线到达各加工部位。

实际中,数控加工工序要根据具体零件的结构特点、技术要求等情况综合考虑。

2)加工路线的确定

在数控加工中,刀具(严格说是刀位点)相对于工件的运动轨迹和方向称为加工路线,即刀具从对刀点开始运动起,直至结束加工程序所经过的路径,包括切削加工的路径及刀具引入、返回等非切削空行程。加工路线的确定首先必须保持被加工零件的尺寸精度和表面质量,其次考虑数值计算简单,走刀路线尽量短,效率较高等。

因精加工的进给路线基本上都是沿其零件轮廓顺序进行的,因此,确定进给路线的工作重点是确定粗加工及空行程的进给路线。下面举例分析数控车削加工零件时常用的加工路线。

①车圆锥的加工路线分析

在车床上车外圆锥时可以分为车正锥和车倒锥两种情况,而每一种情况又有两种加工路线。如图 3.13 所示为车正锥的两种加工路线。按图 3.13(a)车正锥时,需要计算终刀距 S。

假设圆锥大径为 D,小径为 d,锥长为 L,背吃刀量为 a_p,则由相似三角形可得

$$\frac{D-d}{2L} = \frac{a_p}{S} \qquad (3.1)$$

则 $S = \dfrac{2La_p}{D-d}$,按此种加工路线,刀具切削运动的距离较短。

当按图 3.13(b)的走刀路线车正锥时,则不需要计算终刀距 S,只要确定背吃刀量 a_p,即可车出圆锥轮廓,编程方便。但在每次切削中,背吃刀量是变化的,而且切削运动的路线较长。

如图 3.14(a)、图 3.14(b)所示为车倒锥的两种加工路线,分别与图 3.13(a)、图 3.13(b)相对应,其车锥原理与正锥相同。

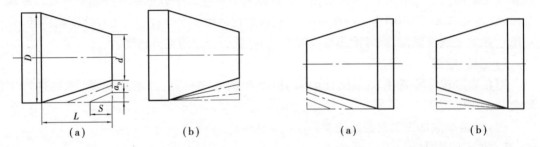

图 3.13　车正锥的两种加工路线　　　　图 3.14　车倒锥的两种加工路线

②车圆弧的加工路线分析

圆弧粗加工与外圆、锥面的粗加工不同。如图 3.15 所示,AB 圆弧曲线加工的切削余量不均匀,背吃刀量是变化的,最大处背吃刀量 AC 过大时,容易导致刀具损坏,因此,在粗加工中一般要考虑加工路线和切削方法。基本原则是在保证背吃刀量尽可能均匀的情况下,减少走刀次数及空行程。根据凸凹面的不同选择的加工方法也不同。

A. 凸圆弧表面粗加工

圆弧表面为凸表面时,常用两种加工方法如图 3.15 所示。

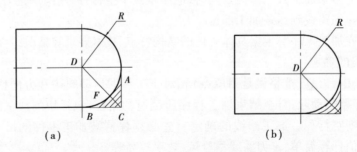

图 3.15　凸圆弧表面粗车方法
(a)车锥法　(b)车圆法

a. 车锥法(斜线法)。车锥法就是用车圆锥的方法切除圆弧毛坯余量。加工路线不能超过 A,B 两点的连线(与轮廓线留有余量),否则会伤到圆弧的表面。车锥法一般适用于圆心角小于 $90°$ 的圆弧车削。

b. 车圆法(同心圆法)。车圆法是用不同的半径切除毛坯余量。此方法车削空行程时间

相对较长。车圆法适用于圆心角大于 90°的圆弧粗车。

B. 凹圆弧表面粗加工

当圆弧表面为凹表面时,常用加工方法有 4 种,如图 3.16 所示。

a. 等径圆弧形式(等径不同心)。计算和编程简单,但走刀路线较其他几种方式长。

b. 同心圆弧形式(同心不等径)。走刀路线短,且精车余量最均匀。

c. 梯形形式。切削力分布合理,切削率最高。

d. 三角形形式。走刀路线较同心圆弧形式长,但比梯形形式短。

图 3.16 凹圆弧表面粗车方法

(a)等径圆弧形式 (b)同心圆弧形式 (c)梯形形式 (d)三角形形式

③轮廓粗车加工路线分析

切削进给路线最短,可有效提高生产效率,降低刀具损耗。安排最短切削进给路线时,应同时兼顾工件的刚性和加工工艺性等要求,不要顾此失彼。

常用的粗加工进给路线如图 3.17 所示。图 3.17(a)矩形循环进给路线;图 3.17(b)三角形循环进给路线;图 3.17(c)表示利用数控系统具有的封闭式复合循环功能控制车刀沿着工件轮廓线进行进给的路线。

在同等条件下,矩形循环进给路线的走刀长度最短,切削效率高,刀具磨损小,但精车余量不均匀,对于精度要求高的零件需要安排半精车加工。

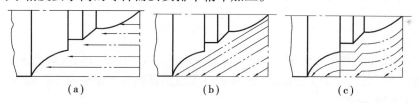

图 3.17 粗加工循环进给路线

3)车螺纹时的轴向进给距离分析

在数控车床上车螺纹时,刀具沿螺距方向的 Z 向进给应与车床主轴的旋转保持严格的速比关系。考虑到刀具从停止状态到达指定的进给速度或从指定的进给速度降至零,驱动系统必有一个过渡过程,沿轴向进给的加工路线长度,除保证加工螺纹长度外,还应增加 δ_1(2~5 mm)的刀具引入距离和 δ_2(1~2 mm)的刀具切出距离,如图 3.18 所示。这样来保证切削螺纹时,在升速完成后使刀具接触工件,刀具离开工件后再降速。

4)车削加工顺序的安排

制订零件车削加工顺序一般遵循以下原则:

①先粗后精

按照粗车→半精车→精车的顺序进行,逐步提高加工精度。粗车将在较短时间内将工件表面上的大部分加工余量(见图 3.19 中的双点画线内所示部分)切掉,一方面提高金属切除率,另一方面满足精车的余量均匀性要求。若粗车后所留余量的均匀性满足不了精加工的要

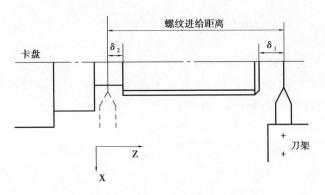

图 3.18　切削螺纹时引入、引出距离

求时,则要安排半精车,以此为精车作准备。精车要保证加工精度,按图样尺寸一刀切零件轮廓。

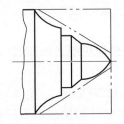

图 3.19　先粗后精示例

②先近后远

在被加工工件比较细长的情况下,离对刀点近的部位先加工,离对刀点远的部位后加工,以便缩短刀具移动距离,减少空行程时间。对于车削而言,先近后远还有利于保持坯件或半成品的刚性,改善其切削条件。

③内外交叉

对既有内表面(内型腔)又有外表面需加工的零件,安排加工顺序时,应先进行内外表面粗加工,后进行内外表面精加工。切不可将零件上一部分表面(外表面和内表面)加工完毕后,再加工其他表面(外表面或内表面)。

④基面先行原则

用作精基准的表面应优先加工出来,因为定位基准的表面越精确,装夹误差就越小。如轴类零件加工时,总是先加工中心孔,再以中心孔为精基准加工外圆表面和端面。

(5)切削用量的确定

数控车削中的切削用量包括背吃刀量(切削深度)a_p、进给速度 v_f 或进给量 f、主轴转速 n 或切削速度 v_c(用在恒线速加工中)。保证加工质量和刀具耐用度是选择切削用量的前提,同时使切削时间最短,生产率最高,成本最低。

1)主轴转速 n 的确定

在保证刀具的耐用度及切削负荷不超过机床额定功率的情况下,主轴转速应根据零件上被加工部位的直径,并按零件和刀具的材料及加工性质等条件所允许的切削速度来确定。

粗加工时,背吃刀量和进给量均较大,故选较低的切削速度;精加工时,则选较高的切削速度。主轴转速要根据允许的切削速度 v_c 来选择。

由切削速度计算主轴转速的公式为

$$n = \frac{1\ 000v_c}{\pi d}$$

式中　d ——零件直径,mm;

　　　n ——主轴转速,r/min;

v_c ——切削速度,m/min。

切削用量的具体数值可参阅机床说明书、切削用量手册,并结合实际经验而确定,如表 3.2 所示为硬质合金外圆车刀切削速度的参考值。

表 3.2　硬质合金外圆车刀切削速度的参考值

工件材料	热处理状态	$v_c/(\text{m} \cdot \text{min}^{-1})$　$f = 0.08 \sim 0.3$ mm/r		
		$a_p = 0.3 \sim 2$ mm	$a_p = 2 \sim 6$ mm	$a_p = 6 \sim 10$ mm
低碳钢	热轧	140 ~ 180	100 ~ 120	70 ~ 90
中碳钢	热轧	130 ~ 160	90 ~ 110	60 ~ 80
	调质	100 ~ 130	70 ~ 90	50 ~ 70
合金结构钢	热轧	100 ~ 130	70 ~ 90	50 ~ 70
	调质	80 ~ 110	50 ~ 70	40 ~ 60
工具钢	退火	90 ~ 120	60 ~ 80	50 ~ 70
灰铸铁	HBS < 190	90 ~ 120	60 ~ 80	50 ~ 70
	HBS = 190 ~ 225	80 ~ 110	50 ~ 70	40 ~ 60
高锰钢			10 ~ 20	
铜及铜合金		200 ~ 250	120 ~ 180	90 ~ 120
铝及铝合金		300 ~ 600	200 ~ 400	150 ~ 200
铸铝合金		100 ~ 180	80 ~ 150	60 ~ 100

2)进给速度 v_f 的确定

进给量 f 是切削用量中的一个重要参数,其大小将直接影响表面粗糙度和车削效率。选择时应参考零件的表面粗糙度、刀具和工件材料等因素。粗加工时,在保证刀杆、刀具、车床、零件刚度等条件的前提下,选用尽可能大的 f 值;精加工时,进给量主要受表面粗糙度的限制,当表面粗糙度要求较高时,应选较小的 f 值。

进给速度和进给量关系式为

$$v_f = fn$$

式中　f ——每转进给量,mm/r;

　　　v_f ——进给速度,mm/min;

　　　n ——主轴转速,r/min。

①当工件的质量要求能够得到保证时,为提高生产率,可选择较大($\leqslant 2000$ mm/min)的进给速度。

②切断、车削深孔或精车削时,宜选择较低的进给速度。

③刀具空行程,特别是远距离"回参"时,可设定尽量高的进给速度。

④进给速度应与主轴转速和背吃刀量相适应。

3)背吃刀量 a_p 的确定

背吃刀量是根据余量确定的。零件上已加工表面与待加工表面之间的垂直距离称为背吃刀量。在工艺系统刚性和机床功率允许的条件下,尽可能选取较大的背吃刀量,以减少进给次数。

背吃刀量的选择取决于车床、夹具、刀具、零件的刚度等因素。粗加工时,在条件允许的情况下,尽可能选择较大的背吃刀量,以减少走刀次数,提高生产率;精加工时,通常选较小的 a_p 值,以保证加工精度及表面粗糙度。半精车余量一般为 0.5 mm 左右,所留精车余量一般比普通车削时所留余量少,常取 0.1 ~ 0.5 mm。

3.2.3 数控车削加工刀具

目前,数控机床上大多使用系列化、标准化刀具,对可转位机夹外圆车刀、端面车刀等的刀柄和刀头都有国家标准及系列化型号。

对所选择的刀具,在使用前都需对刀具尺寸进行严格的测量以获得精确资料,并由操作者将这些数据输入数控系统,经程序调用而完成加工过程,从而加工出合格的工件。为了减少换刀时间和方便对刀,便于实现机械加工的标准化,数控车削加工时,应尽量采用机夹刀和机夹刀片。数控车床常用的机夹可转位式车刀结构形式如图3.20所示。

(1)刀片材料的选择

常见刀片材料有高速钢、硬质合金、涂层硬质合金、陶瓷、立方氮化硼和金刚石等,其中应用最多的是硬质合金和涂层硬质合金刀片。选择刀片材料主要依据被加工工件的材料、被加工表面的精度要求、切削载荷的大小以及切削过程中有无冲击和振动等。

(2)刀片尺寸的选择

刀片尺寸的大小取决于必要的有效切削刃长度,有效切削刃长度与背吃刀量和主偏角有关(见图3.21),使用时可参考相关刀具手册选取。

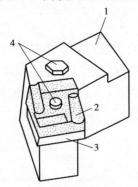

图3.20　机夹可转位式车刀结构形式
1—刀杆;2—刀片;
3—刀垫;4—夹紧元件

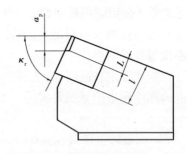

图3.21　切削刃长度、背吃刀量
与主偏角关系

(3)刀片形状的选择

刀片形状主要依据被加工工件的表面形状、切削方法、刀具寿命和刀片的转位次数等因素来选择。被加工表面形状与适用的刀片可参考表3.3选取,表中刀片型号组成见国家标准GB/T 2076—2007《切削刀具可转位刀片型号表示规则》。常见可转位车刀刀片形状及角度如图3.22所示。

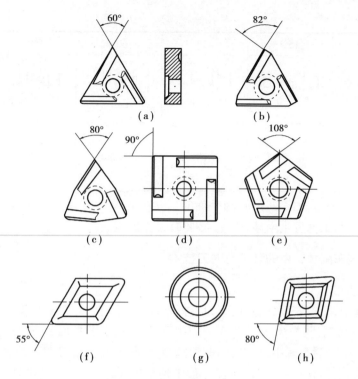

图 3.22　常见可转位车刀刀片

（a）T 型　　（b）F 型　　（c）W 型　　（d）S 型　　（e）P 型　　（f）D 型　　（g）R 型　　（h）C 型

表 3.3　被加工表面与适用的刀片形状

	主偏角	45°	45°	60°	75°	95°
车削外圆表面	刀片形状及加工示意图	45°	45°	60°	75°	95°
	推荐选用刀片	SCMA SPMR SCMM SNMM-8 SPUN SNMM-9	SCMA SPMR SCMM SNMG SPUN SPGR	TCMA TNMM-8 TCMM TPUN	SCMM SPUM SCMA SPMR SNMA	CCMA CCMM CNMM-7
	主偏角	75°	90°	90°	95°	
车削端面	刀片形状及加工示意图	75°	90°	90°	95°	
	推荐选用刀片	SCMA SPMR SCMM SPUR SPUN CNMG	TNUN TNMA TCMA TPUM TCMM TPMR	CCMA	TPUN TPMR	

39

续表

主偏角	15°	45°	60°	90°	93°
车削成形面 刀片形状及加工示意图					
车削成形面 推荐选用刀片	RCMM	RNNC	TNMM-8	TNMC	TNMA

特别需要注意的是,加工凹形轮廓表面时,若主、副偏角选得太小,会导致加工时刀具主后刀面、副后刀面与工件发生干涉,因此,必要时可作图检验。

3.2.4 数控车削加工中的装刀与对刀技术

(1)车刀的安装

在实际切削中,车刀安装的高低,车刀刀杆轴线是否垂直,对车刀角度有很大影响。以车削外圆(或横车)为例(见图3.23),当车刀刀尖高于工件轴线时,因其车削平面与基的位置发生变化,使前角增大,后角减小;反之,则前角减小,后角增大。车刀安装的歪斜,对主偏角、副偏角影响较大,特别是在车螺纹时,会使牙形半角产生误差。因此,正确地安装车刀,是保证加工质量,减小刀具磨损,提高刀具使用寿命的重要步骤。

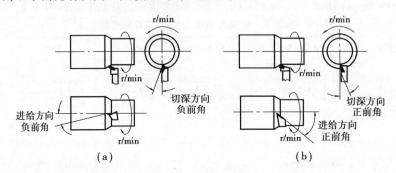

图3.23 车刀的安装角度

(a)"-"的倾斜角度(增大刀具切削力) (b)"+"的倾斜角度(减小刀具切削力)

(2)刀位点

刀位点是指在加工程序编制中,用以表示刀具特征的点,也是对刀和加工的基准点。对于车刀,各类车刀的刀位点如图3.24所示。

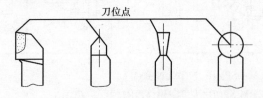

图3.24 车刀的刀位点

(3) 对刀

对刀是数控机床加工中极其重要和复杂的工作。对刀精度的高低将直接影响到零件的加工精度。

在数控车床车削加工过程中,首先应确定零件的工件原点,以建立准确的工件坐标系;其次要考虑刀具的不同尺寸对加工的影响,这些都需要通过对刀来解决。对刀的过程就是建立工件坐标系与机床坐标系之间位置关系的过程,是确定数控机床上安装刀具的刀尖在机床绝对坐标系下的准确位置。

在数控车床上常用的对刀方法有以下 3 种:

1) 定位对刀

安装有机内对刀仪的数控机床通常使用此法进行。在数控车床上安装有与数控系统连接的对刀仪,需要对刀架上的某一把刀具对刀时,手动输入专用控制指令,可由数控系统控制刀架移动,完成刀具在 X 轴、Z 轴两个方向上的位置偏移量测量,并将测量结果存储在相应刀具的位置补偿存储器中,如图 3.25 所示。

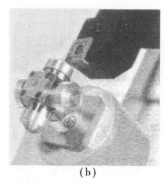

(a)　　　　　　　　　　　　　　(b)

图 3.25　数控车床对刀仪对刀

(a)数控车床机内对刀仪　(b)对刀仪局部

定位对刀仪的测量元件通常使用高精度微动开关,其精度受微动开关精度的限制。

2) 光学对刀

光学对刀是一种非接触测量方法。通常使用十几倍或几十倍的光学显微镜将刀尖的局部放大,并以对刀仪的十字线相切刀尖的两个侧刃。此法测量精度高,常以机外对刀仪的形式出现,特别适合于使用标准刀柄类刀具的对刀。

3) 试切对刀

试切对刀是一种直接、准确的对刀方法,在对刀中已经考虑了包含工艺系统变形等误差因素的影响,应用最为广泛。其操作方法如下:

①用所选刀具试切工件外圆,如图 3.26 所示,保持 X 轴方向不动,刀具退出。单击"主轴停止"▣按钮,使主轴停止转动。选择菜单"测量/坐标测量",如图 3.27 所示,得到试切后的工件直径,记为 α。

单击 MDI 键盘上的▣键,进入形状补偿参数设定界面(见图 3.28)。将光标移到与刀位号相对应的位置,输入 Xα,按菜单软键"测量",对应的刀具偏移量自动输入。

②试切工件端面,如图 3.29 所示,保持 Z 轴方向不动,刀具退出。把端面在工件坐标系中 Z 的坐标值,记为 β(此处以工件端面中心点为工件坐标系原点,则 β 为 0)。

进入形状补偿参数设定界面(见图3.28),将光标移到相应的位置,输入 Zβ,按"测量"键,对应的刀具偏移量自动输入。

图3.26 试切外圆

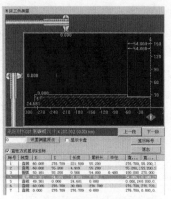

图3.27 工件测量

图3.28 形状补偿

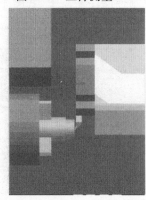

图3.29 试切端面

将刀具"试切外圆"和"试切端面"的 X,Z 值分别输入形状补偿参数设定界面相应位置后,数控系统会自动计算刀具在机床坐标系下的位置补偿值。如果刀具的刀尖有圆弧半径,其数值应输入对应的"R"项目内,如图3.28所示。刀尖方位号输入"T"项目内,刀尖的方位参见图3.57。

③用同样的方法可完成其他刀具的对刀。

注:

a.通过对刀,将刀偏值写入参数,从而获得工件坐标系。

b.此方法操作简单方便,可靠性好,每把刀独立坐标系,互不干扰。

c.只要不断电、不改变刀偏值,工件坐标系就会存在且不会变,即使断电,重启后回参考点,工件坐标系还在原来的位置。

d.如使用绝对值编码器,刀架可在任何安全位置都可以启动加工程序。

(4)换刀点位置的确定

设置数控车床刀具的换刀点是编制加工程序过程中必须考虑的问题。换刀点最安全的位置是换刀时刀架或刀盘上的任何刀具都不与工件或机床其他部件发生碰撞的位置。

一般地,在单件小批量生产中,工作者习惯把换刀点设置为一个固定点,其位置不随工件坐标系的位置改变而发生变化。换刀点的轴向位置由刀架上轴向伸出最长的刀具(如外圆车刀、切槽刀等)决定。

在大批量生产中,为了提高生产效率,减少机床空行程时间,降低机床导轨面磨损,有时可不设置固定的换刀点。每把刀各有各的换刀位置。这时编制和调试换刀部分的程序应该遵循两个原则:

①确保换刀时刀具不与工件发生碰撞。

②力求最短的换刀路线,即所谓的"跟随式换刀"。

3.3　数控车床编程方法

对于具有不同数控系统的车床,其功能代码的形式有所不同,但编程的基本方法及原理是相同的。本章将以 FANUC 0i 标准数控车床系统指令为例来讲解编程方法。

3.3.1　M,S,F,T 功能指令

(1)辅助功能

辅助功能也称 M 代码或 M 指令,它由地址字 M 及其后面的两位数字组成。这类指令加工时与机床操作的需要有关,如主轴的转向、启停,切削液的开关等。其功能如表 3.4 所示。

表 3.4　辅助功能 M 代码

代　码	功　能
M00	程序停止
M01	程序计划停止(与操作面板上的"选择停止"按键配合使用)
M02	程序结束并系统复位
M03	主轴顺时针旋转
M04	主轴逆时针旋转
M05	主轴旋转停止
M06	自动换刀
M07	2 号切削液开
M08	1 号切削液开
M09	切削液关
M30	程序结束并返回程序起点
M98	调用子程序
M99	子程序结束

（2）F,S,T 功能

1）F 功能

F 功能用于控制切削进给量。在程序中,有以下两种使用方法:

①G98 F_,每分钟进给量,单位为 mm/min。

②G99 F_,每转进给量,单位为 mm/r。

2）S 功能

S 功能用于控制主轴转速。在程序中,有以下 3 种使用方法:

①G50 S_,最高转速限制,S 后面的数字表示最高转速,单位为 r/min ,如 G50 S2500 表示最高转速限制为 2 500 r/min。

②G96 S_,恒线速度控制,S 后面的数字表示恒定的线速度,单位为 m/min(一般用于端面车削),如 G96 S150 表示切削点线速度恒定控制在 150 m/min。

③G97 S_,恒线速度取消,S 后面的数字表示恒线速度控制取消后的主轴转速,单位为 r/min(一般用于内外圆面和螺纹车削),如 G97 S2000 表示恒线速度控制取消后主轴转速 2 000 r/min。

3）T 功能

T 功能指令用于选择加工所用刀具。在程序中,有以下两种使用方法:

①T××。T 后面的两位数表示所选的刀具号。

②T××××。T 后面有四位数字,前两位是刀具号,后两位是刀具补偿号。

例如:T0303 表示选用 3 号刀及 3 号刀的位置补偿值和刀尖圆弧半径补偿值。T0300 表示取消 3 号刀的刀具补偿值。

3.3.2　G 功能指令

准备功能又称 G 代码或 G 指令,是由地址字 G 和后面的两位数字来表示的,用来规定刀具和工件的相对运动轨迹、工件坐标系、坐标平面、刀具补偿、坐标偏置等多种加工操作,如表 3.5 所示。

（1）坐标系的设定指令

编程时,首先应确定工件原点位置并用相关指令来设定工件坐标系。车削加工的工件原点一般设置在工件右端面或左端面与主轴轴线的交点上。

1）设定工件坐标系(G50)

编程格式: G50 X_ Z_;

其中,X,Z 是刀具起刀点在所设工件坐标系中的坐标值。

说明:通常 G50 编在加工程序的第一段。运行程序前,必须通过对刀操作让刀具的刀位点(车刀刀尖)位于 G50 指定的起刀点位置。

编程示例:如图 3.30 所示,G50 X128.7 Z375.1;设定工件坐标系于工件右端面中心。

表 3.5　准备功能 G 代码

代　码	组号	功　　能	代　码	组号	功　　能
★ G00		快速点定位	G65	00	宏指令调用
G01	01	直线插补	G70		精车复合循环
G02		顺圆弧插补	G71		外圆粗车复合循环
G03		逆圆弧插补	G72		端面粗车复合循环
G04	00	暂停延时	G73	00	闭环粗车复合循环
G32	00	螺纹切削	G74		端面钻孔循环
G20	06	英制单位	G75		内、外径切槽循环
★ G21		公制单位	G76		螺纹切削复合循环
G27		检查参考点返回	G90		外圆单一循环
G28	00	返回机床参考点	G92	01	螺纹单一循环
G29		由参考点返回	G94		端面单一循环
★ G40		刀具半径补偿取消	G96	02	主轴恒线速度控制
G41	07	刀具半径左补偿	★ G97		取消主轴恒线速度控制
G42		刀具半径右补偿	G98	05	每分钟进给方式
G50	00	坐标系设置或最大主轴速度设定	★ G99		每转进给方式

注:1. 标有★的 G 代码为数控系统通电启动后的默认状态。

　2. 不同组的几个 G 代码可在同一程序段中指定且与顺序无关;同一组的 G 代码在同一程序段中指定,则最后一个 G 代码有效。不同系统的 G 代码并不一致,即使同型号的数控系统,G 代码也未必完全相同,编程时一定以系统的说明书所规定的代码进行编程。

　3. G 代码有模态和非模态之分。其中 00 组是非模态代码,只在所规定的程序段中有效,也称一次性代码;其余组均为模态代码,一旦出现便持续有效,直到被同一组的其他代码取代或取消为止。

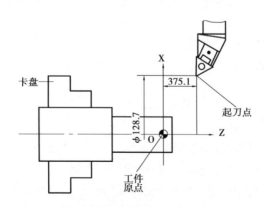

图 3.30　G50 设定工件坐标系

2）预置工件坐标系（G54—G59）

零点偏置 G54—G59 指令也可建立工件坐标系。它是先测定出预置的工件原点相对于机床原点的偏置值，并把该偏置值通过参数设定的方式预置在机床参数数据库中，因而该值无论断电与否都将一直被系统所记忆，直到重新设置为止。当工件原点预置好以后，便可用"G54 G00 X_ Z_;"指令让刀具移到该预置工件坐标系中的任意指定位置。很多数控系统都提供 G54—G59 指令，可完成预置 6 个工件原点的功能。

G50 与 G54—G59 之间的联系与区别如下：

①G50 指令和 G54—G59 指令都可设定工件坐标系。

②G50 后面一定要跟坐标地址字，而 G54—G59 后面不需要跟坐标地址字；G50 指令必须单独一行使用，但 G54—G59 可单独一行，也可与其他指令共一行使用。

③G50 指令是通过程序来设定工件坐标系的，其所设定的工件坐标系原点与当前刀具所在的位置有关，这一工件原点在机床坐标系中的位置是随着当前刀具位置的不同而改变的；而 G54—G59 指令是通过参数设定的方式来建立工件坐标系的，一旦设定，工件原点在机床坐标系中的位置是不变的，与刀具位置无关，除非再通过参数设定方式进行修改。

（2）快速定位指令

G00 指令是模态代码，主要用于使刀具快速接近或快速离开零件。它命令刀具以点定位控制方式从刀具所在点快速运动到下一个目标位置。它无运动轨迹要求，且无切削加工过程。

编程格式：G00 X(U)_ Z(W)_;

其中，X,Z——目标点（刀具运动的终点）的绝对坐标；

U,W——目标点相对刀具移动起点的增量坐标。

说明：

①G00 速度是由厂家预先设置，不能用程序指令设定，但可通过面板上的快速倍率旋钮调节。

②刀具的实际运动路线可能是直线或折线，使用时应注意刀具移动过程中是否和零件或夹具发生碰撞。

③快速定位目标点不能选在零件上以防撞刀，一般要离开零件表面 1~5 mm。

（3）直线插补指令

G01 指令是模态代码。它是直线运动命令，规定刀具在两坐标或三坐标间以插补联动方式按指定的 F 进给速度做任意直线运动，用于完成端面、内圆、外圆、槽、倒角、圆锥面等表面的加工。

编程格式：G01 X(U)_ Z(W)_ F_;

其中，X,Z——目标点的绝对坐标；

U,W——目标点相对直线起点的增量坐标；

F——刀具在切削路径上的进给量，根据切削要求确定。

说明：进给速度由 F 指令决定。F 指令也是模态指令，在没有新的 F 指令出现时一直有效，不必在每个程序段中都写入，F 指令可由 G00 指令取消。如果在 G01 程序段之前及本程序段中没有 F 指令，则机床不运动。因此，首次出现 G01 的程序中必须含有 F 指令。

例 3.1 如图 3.31 所示，应用 G00 和 G01 指令对工件进行 A→B→C 精车编程。

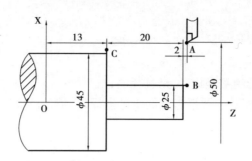

图 3.31 G00 和 G01 指令编程

绝对值编程	增量值编程(可不用建立工件坐标系)	程序说明
G50 X50 Z35；	刀具位于起刀点 A	建立工件坐标系
M03 M08 S800；	M03 M08 S800；	主轴正转启动,冷却液开启
G00 X25；	G00 U–25；	A→B 快进
G01 Z13 F0.1；	G01 W–22 F0.1；	外圆直线切削
X48；	U23；	端面直线切削至工件外 C 点
G00 X50 Z35；	G00 U2 W22；	快退回到 A
M05 M09；	M05 M09；	主轴停转,冷却液关闭
M30；	M30；	程序结束,返回到程序开头

注:工件轮廓切入点 B 和切出点 C 都设在工件外 2~5 mm 处。其目的是为了避免进刀和退刀时在工件表面产生刀痕。

(4)圆弧插补指令

G02 顺时针方向插补圆弧,G03 逆时针方向插补圆弧。圆弧顺逆方向的判断方法是沿垂直于圆弧所在平面(XZ 面)的另一轴负方向(–Y 向)看去,顺时针圆弧为 G02,逆时针圆弧为 G03。

应用以上判断方法,前置刀架机床中圆弧顺逆方向如图 3.32(a)所示,后置刀架机床中圆弧顺逆方向如图 3.32(b)所示。

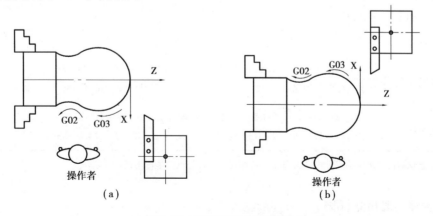

图 3.32 圆弧顺逆方向判断
(a)前置刀架 (b)后置刀架

圆弧编程方式:

1)用圆弧半径R编程

格式:G02/G03 X(U)_Z(W)_R_F_;

其中,X,Z——圆弧终点的绝对坐标,X是直径值;

　　U,W——圆弧终点相对于圆弧起点的增量坐标,U是直径增量;

　　F——进给量;

　　R——圆弧半径。

如图3.33所示,在同一半径R,同一顺逆方向情况下,从圆弧起点A到终点B有两种圆弧的可能性。为区分两者,规定圆心角$\alpha \leqslant 180°$时用"R+"表示,如图3.33所示的圆弧1;圆心角$\alpha > 180°$时,用"R−"表示,如图3.33所示的圆弧2。

2)用I,K指定圆心位置编程

格式:G02/G03 X(U)_Z(W)_I_K_F_;

其中,X,Z,U,W,F含义同上;

　　I,K——圆心坐标相对于圆弧起点在X,Z向的增量,有正值和负值。直径编程时I值为圆心相对于圆弧起点的增量的2倍。

说明:整圆不能用半径R编程,只能用I,K指定圆心位置编程。

例3.2 如图3.34所示,按给定的坐标系编制两段圆弧轮廓车削程序,两种编程方式如下:

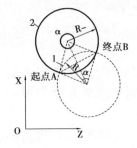

图3.33　圆弧插补编
程时R±的区别

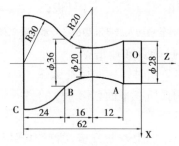

图3.34　圆弧轮廓加工

编程方式	指定半径R	指定圆心I,K
绝对编程方式	AB:G02 X36 Z−38 R20 F0.1; BC:G03 X60 Z−62 R30 F0.1;	AB:G02 X36 Z−38 I32 K−12 F0.1; BC:G03 X60 Z−62 I−36 K−24 F0.1;
增量编程方式	AB:G02 U8 W−28 R20 F0.1; BC:G03 U24 W−24 R30 F0.1;	AB:G02 U8 W−28 I32 K−12 F0.1; BC:G03 U24 W−24 I−36 K−24 F0.1;

注:无论是绝对还是增量编程方式,I,K都为圆心相对于圆弧起点的坐标增量。

(5)暂停延时指令(G04)

G04是非模态代码,单独成一行。其功能是使刀具做短时间的无进给停顿,起打磨抛光作用。

编程格式:G04 X_;(单位:s);　　　　　如G04 X1.2;延时1.2 s;

G04 U_;(单位:s)；　　　　　　　G04 U1.5;延时 1.5 s;

或　　　G04 P_;(单位:ms)；　　　G04 P1000;延时 1 000 ms。

说明:

①X,U 指定时间,允许有小数点;P 指定时间,不允许有小数点。

②执行该指令时机床进给运动暂停,暂停时间一到,继续运行下一段程序。

③应用于钻孔、切槽等场合,在孔底或槽底延时暂停可得到准确的尺寸精度和光滑的加工表面。

(6)螺纹切削指令(G32)

G32 是非模态代码,可车削圆柱螺纹或圆锥螺纹。

编程格式:G32 Z(W)_ F_;　　　　直圆柱螺纹切削

　　　　　G32 X(U)_ Z(W) F ;　　圆锥螺纹切削

　　　　　G32 X(U)_ F_;　　　　　端面螺纹切削

其中,X, Z——螺纹切削终点的绝对坐标值,X 为直径值;

　　　 U,W——螺纹切削终点相对螺纹切削起点的增量坐标值,U 为直径值;

　　　 F——螺纹导程。

说明:

①切削螺纹时,一定要用 G97 S_保证主轴转速不变。

②在车螺纹期间进给速度倍率、主轴速度倍率无效(固定 100%)。

③由于伺服系统本身具有滞后特性,螺纹切削会在起始段和停止段发生螺距不规则现象,故应考虑刀具的引入长度 δ_1 和引出长度 δ_2,如图 3.18 所示。

例 3.3　试编写如图 3.35 所示圆柱螺纹的加工程序。已知螺纹导程 4 mm,升速进刀段 δ_1 = 3 mm,降速退刀段 δ_2 = 1.5 mm,螺纹深度 2.165 mm。

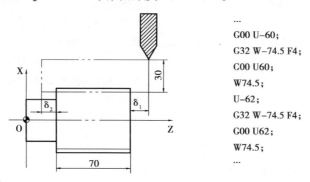

...
G00 U−60;
G32 W−74.5 F4;
C00 U60;
W74.5;
U−62;
G32 W−74.5 F4;
G00 U62;
W74.5;
...

图 3.35　圆柱螺纹切削

(7)固定循环指令

1)单一固定循环指令

单一循环指令可以将一系列连续加工动作,用一个循环指令完成,从而简化程序。

①外径/内径车削循环(G90)

G90 指令主要用于圆柱面或圆锥面的车削循环。圆柱面车削循环如图 3.36 所示,圆锥面车削循环如图 3.37 所示,单一循环均包含 4 个动作过程。加工顺序按 1→2→3→4 进行,其中,1——从循环起点快进到切削起点;2——从切削起点工进到切削终点;3——从切削终点退到退刀点;4——从退刀点快退回循环起点。

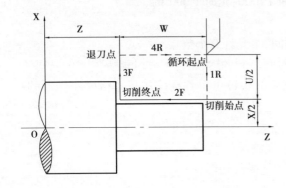

图 3.36　圆柱面车削循环　　　　　　图 3.37　圆锥面车削循环

A.圆柱面车削循环

编程格式:G90 X(U)_ Z(W)_ F_;

其中,X,Z——切削终点的绝对坐标值;

　U,W——切削终点相对循环起点的增量值;

　F——切削进给量,mm/r。

例 3.4　应用 G90 圆柱面车削循环功能加工如图 3.38 所示零件。

程序如下:

程序号 O0002	说　明
N10 G50 X200 Z200;	建立工件坐标系
N20 T0101 M03 S1000 M08;	选择刀具,主轴启动,冷却液开
N30 G00 X55 Z2;	快速定位到循环起点
N40 G90 X45(U−10)Z−25(W−27)F0.2;	第一次车削循环,背吃刀量 2.5 mm
N50 X40;	第二次车削循环,背吃刀量 2.5 mm
N60 X35;	第三次车削循环,背吃刀量 2.5 mm
N70 G00 X200 Z200;	退回起刀点
N80 M05M09;	主轴停转,冷却液关闭
N90 M30;	程序结束

注:N40 程序段中,可采用(X45 Z−25)绝对值编程,也可采用(U−10 W−27)增量值编程。

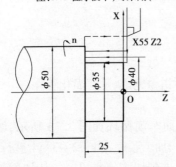

图 3.38　G90 圆柱面车削循环

B.圆锥面车削循环

编程格式:G90 X(U)_ Z(W)_ I _ F_;

其中,X,Z,U,W 含义与上同;

　I——切削起点相对于切削终点的半径差,即 I = R$_{起点}$ − R$_{终点}$。如果切削起点 R 值小于切削终点的 R 值,I 值为负,反之为正。

例 3.5　应用 G90 圆锥面车削循环功能加工如图 3.39 所示零件。

部分程序如下：

...	...
G00 X80.0 Z100.0；	快速定位到循环起点
G90 X40.0 Z20.0 I－5.0 F0.2；	第一次锥面循环，背吃刀量 5 mm
X30.0；	第二次锥面循环，背吃刀量 5 mm
X20.0；	第三次锥面循环，背吃刀量 5 mm
G00 X100.0 Z200.0；	快速退回起刀点
...	...

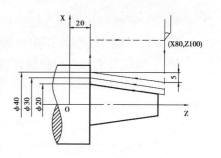

图 3.39　G90 圆锥面车削循环

说明：G90 指令及指令中各参数均为模态值，一经指定就一直有效。在切削循环完成后，可用 G00/G01/G02/G03 指令取消其作用。

②端面车削循环（G94）

G94 指令主要用于工件直端面或锥端面的车削循环。直端面车削循环如图 3.40 所示，锥端面车削循环如图 3.41 所示。

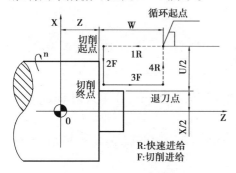

图 3.40　直端面切削循环

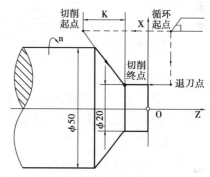

图 3.41　锥端面车削循环

A. 直端面车削循环

编程格式：G94 X（U）＿ Z（W）＿ F＿；

其中，X，Z——端面切削终点的绝对坐标值；

U，W——端面切削终点相对于循环起点的增量坐标值，如图 3.40 所示。

F——切削进给量，mm/r。

B. 锥端面车削循环

编程格式：G94 X（U）＿ Z（W）＿ K ＿ F＿；

其中，X，Z，U，W 含义与上同；

K——端面切削起点相对于切削终点在 Z 轴方向的坐标增量，即 $K = Z_{起点} - Z_{终点}$。当起点 Z 向坐标小于终点 Z 向坐标时 K 为负，反之为正，如图 3.41 所示。

说明：G94 与 G90 循环的最大区别：G94 第一步先走 Z 轴，而 G90 则是先走 X 轴。

③螺纹车削循环指令（G92）

G92 指令用于圆柱或圆锥螺纹的车削。其循环路线与 G90 外径/内径车削循环相似，主要区别在于第二步工进过程中 G90 循环采用直线切削（G01）而 G94 采用螺纹切削（G32）。

编程格式：G92 X（U）＿ Z（W）＿ I ＿ F＿；

其中,X,Z——螺纹切削终点的绝对坐标值;

U,W——螺纹切削终点相对螺纹切削起点的增量坐标值;

I——螺纹切削起点与切削终点的半径差,即 $I = R_{起点} - R_{终点}$。加工圆柱螺纹时,$I = 0$;加工圆锥螺纹时,当 X 向切削起点坐标小于切削终点坐标时,I 为负,反之为正;

F——螺纹导程。

例3.6 如图3.42所示,假设零件其他部分已经加工完毕,三角圆锥螺纹是需要加工的部分。试用 G92 指令编制该螺纹的加工程序。

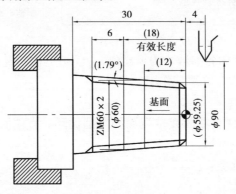

图3.42 圆锥螺纹加工

1)确定切削用量

①背吃刀量。已知螺距 $P = 3$ mm,查表3.6得双边切深为3.9 mm,分7刀切削,分别为1.2,0.7,0.6,0.4,0.4,0.4,0.2 mm。

②主轴转速。$n \leqslant 1\ 200/P - K = (1\ 200/3 - 80)$ r/min $= 320$ r/min,取 $n = 300$ r/min。

K——保险系数,一般取为80。

③进给量。$f = P = 3$ mm/r。

表3.6 常用公制螺纹切削进给次数与背吃刀量(双边)/mm

单边牙深: $0.649\ 5 \times P$(P 是螺纹螺距)							
螺 距	1.0	1.5	2.0	2.5	3.0	3.5	4.0
单边牙深	0.649	0.975	1.299	1.625	1.949	2.275	2.598
双边切深	1.3	1.95	2.6	3.25	3.9	4.55	5.2
背吃刀量和切削次数	1 次	0.7	0.8	0.9	1.0	1.2	1.5	1.5
	2 次	0.4	0.6	0.6	0.7	0.7	0.7	0.8
	3 次	0.2	0.4	0.6	0.6	0.6	0.6	0.6
	4 次		0.16	0.4	0.4	0.4	0.6	0.6
	5 次			0.1	0.4	0.4	0.4	0.4
	6 次				0.15	0.4	0.4	0.4
	7 次					0.2	0.2	0.4
	8 次						0.15	0.3
	9 次							0.2

2）程序编制

程序号　　O0008

程序段号	程序内容（FANUC 0i）	说　明
N10	M03 S300；	主轴正转，转速为 300 r/min
N20	T0303；	换 3 号 60°螺纹车刀并调用刀补
N30	M08；	冷却液打开
N40	G00 X60.0 Z8.0；	快进到螺纹循环起点
N50	G92 X43.8 Z－28.5 I－8.0 F3.0；	螺纹车削第 1 刀
N60	X43.1；	第 2 刀
N70	X42.5；	第 3 刀
N80	X42.1；	第 4 刀
N90	X41.7；	第 5 刀
N100	X41.3；	第 6 刀
N110	X41.1；	第 7 刀
N120	G00 X150.0 Z100.0；	快速退刀
N130	M05 M09；	主轴停转，冷却液关闭
N140	M30；	程序结束

2）复合固定循环指令

复合车削循环通过定义零件加工的刀具轨迹来进行零件的粗车和精车。利用复合车削循环功能，只要编出最终精车路线，给出精车余量以及每次下刀的背吃刀量等参数，机床即可自动完成从粗加工到精加工的多次循环切削过程，直到加工完毕，大大提高编程效率。复合车削循环指令有 G71/G72/G73//G76/G70。该类指令应用于非一次走刀即能完成加工的场合。

①外径粗车循环（G71）

G71 指令适用于圆柱毛坯料外径粗车和圆筒毛坯料内径粗车。其走刀轨迹如图 3.43 所示。

编程格式：G71 U(Δd) R(e)；
　　　　　　G71 P(ns) Q(nf) U(Δu) W(Δw)
　　　　　　F(f) S(s) T(t)；

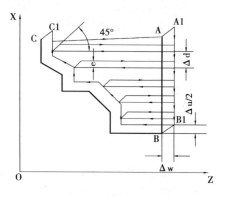

图 3.43　G71 外径粗车循环走刀轨迹

其中，Δd——径向背吃刀量（半径值），不带正负号，一般 45 钢件取 1~2 mm，铝件取 1.5~3 mm；

$\quad$e——退刀量（半径值），一般取 0.5~1 mm；

$\quad$ns——精加工轨迹开始的程序段段号；

$\quad$nf——精加工轨迹结束的程序段段号；

Δu——X 方向上的精加工余量（直径值），一般取 0.5 mm，加工内径轮廓时，为负值；

Δw——Z 方向上的精加工余量，一般取 0.05~0.1 mm。

f,s,t——粗车循环切削速度、主轴转速、刀具号。

说明:

①ns→nf 精车程序段中的 F,S,T 功能,即使被指定也对粗车循环无效。

②零件轮廓必须符合 X 轴、Z 轴方向同时单调增大或单调减少。

③ns 程序段中刀具做 G00/G01 运动时,只能在 X 向移动,Z 向不能移动,如图 3.43 所示的 A→B。

②精车循环(G70)

G70 指令用于 G71/G72/G73 粗加工后进行精加工。其走刀轨迹如图 3.43 所示的 A→B→C。

编程格式:G70 P(ns) Q(nf);

其中,ns,nf 含义同 G71。

例 3.7　如图 3.44 所示,已知毛坯棒料:$\phi 120 \times 200$ mm。试采用 G71 和 G70 指令完成零件的粗精车加工编程。

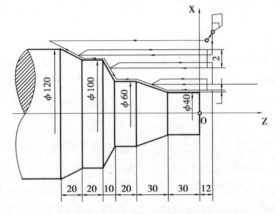

图 3.44　G71,G70 粗精车循环指令应用

程序号 O0009		
程序段号	程序内容(FANUC 0i)	说　明
N10	G50 X200.0 Z140.0;	建立工件坐标系
N20	T0101 M03 S800;	选择 1 号刀具,主轴正转,转速 800 r/min
N30	G00 X130.0 Z12.0;	快速定位到循环起点
N40	G71 U2.0 R0.5;	粗车循环,背吃刀量 2 mm,退刀量 0.5 mm
N50	G71 P60 Q130 U0.5 W0.1 F0.25;	精车余量:X 向 0.5 mm,Z 向 0.1 mm
N60	G00 X40.0;　　　　　//ns	精车轮廓起点
N70	G01 Z−30.0 F0.15;	精车 $\phi 40$ mm 外圆
N80	X60.0 W−30.0;	精车圆锥面
N90	W−20.0;	精车 $\phi 60$ mm 外圆
N100	X100.0 W−10.0;	精车圆锥面
N110	W−20.0;	精车 $\phi 100$ mm 外圆
N120	X120.0 W−20.0;	精车圆锥面
N130	X125.0;　　　　　　//nf	精车轮廓结束点

程序段号	程序内容(FANUC 0i)	说 明
N140	G70 P60 Q130;	精车循环
N150	G00 X200.0 Z140.0;	退回起刀点
N160	M30	程序结束

③端面粗车循环(G72)

G72 指令适用于径向切削余量大于轴向切削余量的粗车。其走刀轨迹如图 3.45 所示。

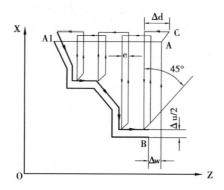

图 3.45　G72 端面粗车循环走刀轨迹

编程格式:G72 U(Δd) R(e);

　　　　　G72 P(ns) Q(nf) U(Δu) W(Δw) F(f) S(s) T(t);

其中,Δd——轴向背吃刀量(无符号);

　　其余参数含义同 G71。

说明:ns 程序段中做 G00/G01 运动时,只能在 Z 向移动,不能在 X 向移动。

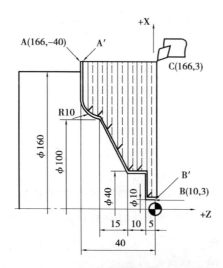

图 3.46　G72,G70 粗精车循环指令应用

例 3.8　采用 G72,G70 指令编写如图 3.46 所示零件的粗精加工程序。

程序号 O0008		
程序段号	程序内容 FANUC 0i	说　明
N10	M03 S500;	主轴正转,转速 500 r/min
N20	T0101;	选择 1 号刀具
N30	G00 X166.0 Z3.0;	快速定位到循环起刀点
N40	G72 U3.0 R1.0;	粗车背吃刀量为 3 mm,退刀量为 1 mm
N50	G72 P60 Q120 U0.5 W0.05 F0.2;	精车余量:X 向 0.5 mm,Z 向 0.05 mm
N60	G00 Z－40.0;　　　　　　　//ns	精车定位
N70	G01 G41 X120.0 F0.07 S800;	精车 ϕ160 mm 端面
N80	G03 X100.0 Z－30.0 R10.0;	精车 R10 圆弧
N90	G01 X40.0 Z－15.0;	精车圆锥面
N100	Z－5.0;	精车 ϕ40 mm 外圆
N110	X10.0;	精车 ϕ10 mm 端面
N120	G40 Z3.0;　　　　　　　　//nf	精车 ϕ10 mm 外圆
N130	G00 G40 X100.0 Z100.0;	退刀
N140	T0202;	换精车刀
N150	X166.0 Z3.0;	精车定位
N160	G70 P60 Q120;	精车循环
N170	G00 X100.0 Z100.0;	快速退刀
N180	M30;	程序结束

④固定形状粗车循环(G73)

G73 指令适用于零件毛坯已基本成形的铸件或锻件的粗车,对零件轮廓的单调性没有要求,如图 3.47 所示。

编程格式:G73 U(Δi) W(Δk) R(d);

　　　　　　G73 P(ns) Q(nf) U(Δu) W(Δw) F(f) S(s) T(t);

其中,Δi——X 方向总退刀量(半径值);

　　　Δk——Z 方向总退刀量;

　　　d——循环加工次数;

　　　其余参数含义与 G71/G72 相同。

说明:Δi 和 Δk 为第一次车削循环前退离工件轮廓的距离及方向,确定该值时应考虑毛坯的粗加工余量大小,以使第一次车削循环时就有合理的背吃刀量,计算方法如下:

Δi = X 轴粗加工余量 – 每一次背吃刀量

Δk = Z 轴粗加工余量 – 每一次背吃刀量

例 3.9　采用 G73,G70 指令编写如图 3.48 所示零件的粗精加工程序。

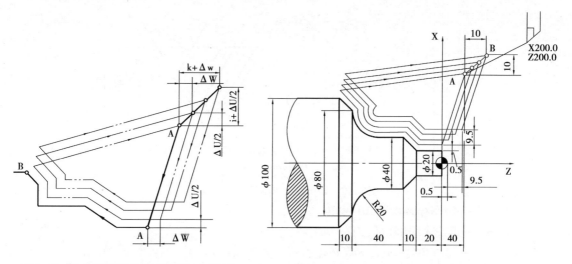

图 3.47 G73 固定形状粗车循环走刀轨迹　　　图 3.48 G73,G70 粗精车循环指令应用

程序号 O0011		
程序 段号	程序内容(FANUC 0i)	说　明
N10	G50 X200.0 Z200.0;	设定工件坐标系
N20	T0101;	选择 1 号刀具
N30	M03 S800;	主轴正转,转速 800 r/min
N40	G00 X150.0 Z40.0;	快速定位到循环起点 A
N50	G73 U9.5 W9.5 R3.0;	粗车循环,X,Z 向总退刀量 9.5 mm,循环 3 次
N60	G73 P70 Q130 U1.0 W0.5 F0.3;	精车余量:X 向 1 mm,Z 向 0.5 mm
N70	G00 X20.0 Z0;　　　//ns	精车轮廓起点
N80	G01 Z－20.0 F0.15;	精车 ϕ20 mm 外圆
N90	X40.0 W－10.0;	精车圆锥面
N100	W－10.0;	精车 ϕ40 mm 外圆
N110	G02 X80.0 Z－60.0 R20.0;	精车 R20 圆弧
N120	G01 X100.0 W－10.0;	精车圆锥面
N130	X105.0;　　　　　//nf	精车轮廓终点
N140	G70 P70 Q130;	精车循环
N150	G00 X200.0 Z200.0 M05;	退回起刀点
N160	M30;	程序结束

⑤螺纹车削复合循环(G76)

G76 指令主要用于大螺距、大背吃刀量、大截面螺纹的车削加工,如梯形螺纹、蜗杆等。只需在程序中指定一次 G76,并在指令中定义好有关参数,则可自动进行多次车削循环。其走刀轨迹如图 3.49 所示。

编程格式:G76 P(m)(r)(α) Q(Δdmin) R(d);

　　　　　G76 X(U) Z(W) R(I) F(f) P(k) Q(Δd);

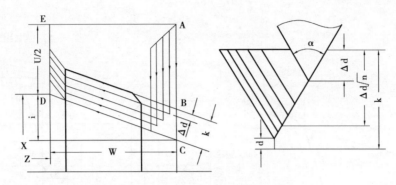

图 3.49　G76 螺纹车削循环走刀轨迹

其中,m——精车循环次数,01~99;

　　　　r——螺纹末端倒角量,00~99;

　　　　α——刀具角度;m,r,α 都必须用两位数表示;

　　　　Δdmin——最小背吃刀量(半径值),车削过程中每次背吃刀量 $\Delta d = \Delta d(\sqrt{n} - \sqrt{n-1})$,n 循环次数;

　　　　d——精车余量(直径值);

　　　　X(U),Z(W)——螺纹终点坐标,X 即螺纹小径,Z 即螺纹长度;

　　　　I——螺纹锥度,即螺纹切削起点与切削终点的半径之差;加工圆柱螺纹时,i = 0;

　　　　f——螺纹导程;

　　　　k——螺牙高度(半径值);

　　　　Δd——第一次背吃刀量(半径值)。

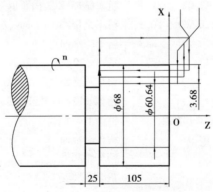

图 3.50　复合螺纹切削循环应用

例 3.10　试编写如图 3.50 所示圆柱螺纹的加工程序,螺距为 6 mm。

…

G76 P021260 Q0.1 R0.4;

G76 X60.64 Z – 110 R0 F6 P3.68 Q1.8;

(8)子程序

利用 FANUC 系统提供的子程序功能,可以简化编程工作,提高编程效率。

在编制加工程序时,有时会遇到一组程序段在一个程序中多次出现,或者在几个程序中都要使用它。把这部分程序段抽出来,单独编成一个程序,并给它命名,使其成为子程序。利用子程序功能,可以减少不必要的重复编程,从而简化程序。

1)子程序格式

子程序格式与一般程序基本相同,只是程序结束用 M99 指令。它表示子程序结束并返回到主程序调用子程序指令的下一行程序段去执行。

2)子程序调用

子程序调用格式:M98 P_;

其中,P 后面最多可跟八位数字,前四位表示重复调用次数,后四位表示调用的子程序号。若调用次数为一次,可省略不写。如 M98 P50010 表示连续调用 5 次 O0010 子程序;M98 P510 表示调用一次 O510 子程序。

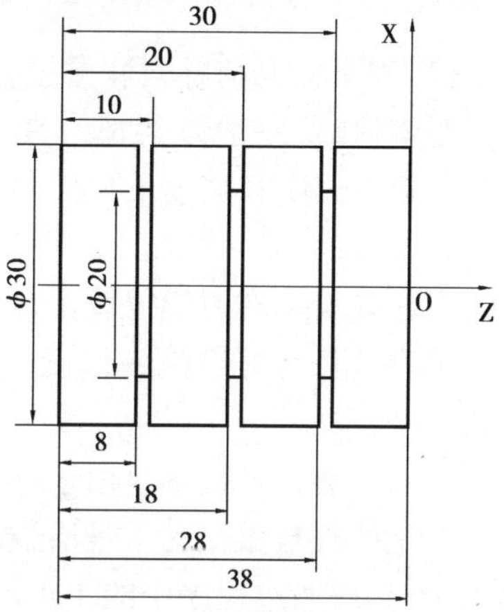

3)编程实例

例 3.11 加工零件如图 3.51 所示,已知棒料毛坯尺寸:$\phi 32 \times 50$ mm,一号刀为外圆车刀,二号刀为车断刀,刀宽 2 mm。

图 3.51 子程序的应用

加工程序如下:

程序段号	主程序 O0013	程序段号	子程序 O1000
N10	G50 X150.0 Z100.0;	N300	G00 W – 10.0;
N20	T0101;　　　　　外圆车刀	N310	G01 U – 12.0 F0.1;
N30	M03 S500 M08;	N320	G04 X1.0;　　　槽底延时 1 秒
N40	G00 X35.0 Z0;	N330	G00 U12.0;
N50	G01 X0 F0.2;　　　车右端面	N340	M99;　　　　　子程序结束
N60	G00 Z2.0;		
N70	X30.0;		
N80	G01 Z – 40.0 F0.2; 车外圆		
N90	G00 X150.0 Z100.0;		
N100	T0100;		
N110	T0202;　　　　　换切槽刀		
N120	G00 X32.0 Z0;		
N130	M98 P31000;　　　调用切槽子程序 3 次		
N140	G00 W – 10.0;		
N150	G01 X0 F0.1;　　　左端面切断		
N160	G04 X2.0;		
N170	G00 X150.0 Z100.0;		
N180	T0200 M09 M05;		
N190	M30;		

3.3.3 刀具补偿在数控车床中的应用

(1)刀具的几何补偿和磨损补偿

在编程时,一般以某把刀具为基准,并以该刀具的刀尖位置为依据来建立工件坐标系。由于每把刀长度和宽度不一样,当其他刀具转到加工位置时,刀尖的位置与基准刀应会有偏差。另外,每把刀具在加工过程中都有磨损。因此,对刀具的位置和磨损就需要进行补偿,使其刀尖位置与基准刀尖位置重合。

①刀具几何补偿是补偿刀具形状和刀具安装位置与编程理想刀具或基准刀具之间的偏移。

②刀具磨损补偿则是用于补偿当刀具使用磨损后实际刀具尺寸与原始尺寸的误差。

③这些补偿数据通常是通过对刀后采集到的,而且必须将这些数据准确地储存到刀具数据库中,然后通过程序中的 T××××后面两位刀补号来提取并执行。

④刀补执行的效果便是令转位后新刀具的刀尖移动到与上一基准刀具刀尖所在的位置上,新、老刀尖重合,这就是刀位补偿的实质,如图 3.52 所示。

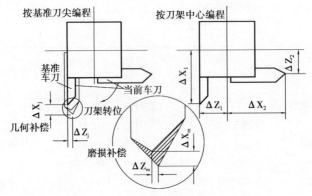

图 3.52　刀具的几何补偿和磨损补偿

(2)刀尖圆弧半径补偿原因

大多数全功能的数控机床都具备刀具半径自动补偿功能,因此只要按工件轮廓尺寸编程,再通过系统自动补偿一个刀尖半径值即可。

1)刀尖半径

圆头车刀一般都有刀尖圆弧半径,当车削外径或端面时,刀尖圆弧不起作用,但车倒角、锥面或圆弧时,则会影响精度,因此在编制数控车削程序时,必须给予考虑。

2)假想刀尖

如图 3.53(b)所示,P 点为圆头车刀的假想刀尖,相当于如图 3.53(a)所示尖头车刀的刀尖。假想刀尖实际上并不存在。

按假想刀尖沿工件轮廓编程,实际切削中由于刀尖半径 R 而造成的过切和少切现象如图 3.54 所示。

为了避免过切或少切现象的发生,在圆头车刀编程中就必须要采用刀尖圆弧半径补偿。刀尖圆弧半径补偿功能可以利用数控装置自动计算补偿值,生成正确的刀具走刀路线。

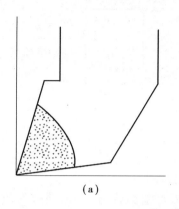

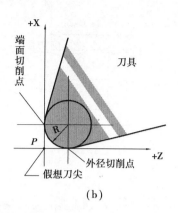

图3.53 刀尖半径与假想刀尖

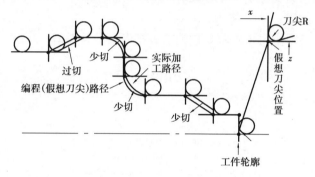

图3.54 过切及少切现象

(3)刀尖圆弧半径补偿指令(G40/G41/G42)

1)定义

G41/G42：刀尖圆弧半径左/右补偿，沿垂直于所在切削平面的另一轴负方向(−Y)看去，并顺着刀具运动方向看，如果刀具在工件的左侧，称为刀尖圆弧半径左补偿，用G41编程；如果刀具在工件的右侧，称为刀尖圆弧半径右补偿，用G42编程。

G40：取消刀尖圆弧半径补偿，应写在程序开始的第一个程序段及取消刀具半径补偿的程序段，取消G41,G42指令功能。

说明： 编程时，刀尖圆弧半径补偿偏置方向的判别如图3.55所示。在判别时，一定要沿−Y轴方向观察刀具所在位置，因此应特别注意图3.55(a)后置刀架和图3.55(b)前置刀架中刀尖圆弧半径补偿的判定区别。

2)编程格式

G41/G42 G00/G01 X_ Z_ F_；刀尖圆弧半径补偿建立

G40 G00/G01 X_ Z_ F_；刀尖圆弧半径补偿取消

说明：

①G41/G42/G40指令不能与圆弧切削指令在同一个程序段。

②在G41/G42/G40程序段中，必须使用G00/G01指令在X,Z方向进行移动，否则会产生报警。

③刀尖半径补偿量可以通过刀具补偿设定画面设定，如图3.56所示。刀具补偿参数包

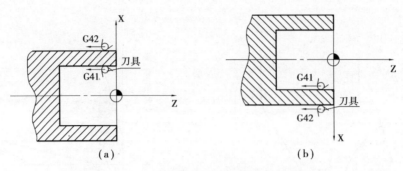

图 3.55　刀尖圆弧半径补偿偏置方向的判别

（a）后置刀架　（b）前置刀架

括 4 项:X 轴补偿量、Z 轴补偿量、刀尖半径补偿量及假想刀尖方位号,通过对应的刀补号
T××××调用。假想刀尖补偿方位号共有 10 个(0 ~ 9),如图 3.57 所示为几种车削刀具的
假想刀尖补偿方位号。

④在换刀之前,必须使用 T××00 取消前一把刀具的补偿值,以免产生补偿值叠加。

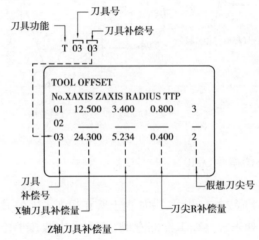

图 3.56　刀具补偿设定画面

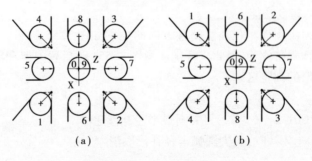

图 3.57　刀尖方位号

（a）后置刀架　（b）前置刀架

3)编程实例

例 3.12　如图 3.58 所示,用刀具半径补偿指令编制该零件轮廓的精加工程序。

假设刀尖圆弧半径 $R = 0.2$ mm,在刀具补偿设定界面中输入半径补偿量 0.2。

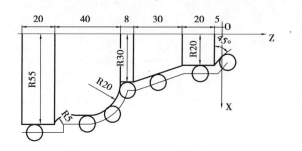

图 3.58　轮廓精加工

程序号 O0001		
程序段号	程序内容 FANUC 0i	程序说明
N10	G50 X50.0 Z50.0;	建立工件坐标系于工件右端面中心
N20	T0101 M03 S800;	调用 1 号外圆车刀及其刀补值,主轴正转转速 800 r/min
N30	G00 X0 Z6.0;	快速进刀
N40	G42 G01 X0 Z0 F50;	工进至工件原点并建立刀尖半径补偿
N50	G01 X40.0 Z0 C5.0;	车端面,并倒角
N60	Z−25.0;	车 R20 mm 外圆
N70	X60.0 W−30.0;	车圆锥
N80	W−8.0;	车 R30 mm 外圆
N90	G03 X100.0 W−20.0 R20.0;	车 R20 mm 圆弧
N100	G01 Z−98.0;	车外圆
N110	G02 X110.0 W−5.0 R5.0;	车 R5 mm 圆弧
N120	G01 W−20.0;	车 R55 mm 外圆
N130	G40 G00 X200.0 Z100.0;	退回换刀点,并取消刀尖半径补偿
N140	M05;	主轴停转
N150	M30;	程序结束并返回程序开始处

3.4　典型模具零件的数控车削加工

3.4.1　外轮廓车削编程及加工仿真

如图 3.59 所示零件,材料为 45 号钢,该零件的毛坯尺寸为 $\phi 40mm \times 100mm$。试用所学知识确定零件的加工工艺,正确地编制零件的加工程序,并完成零件的仿真加工。

(1)工艺分析

零件轮廓包括外圆、沟槽和螺纹,所用刀具为外圆粗车刀、外圆精车刀、外切槽刀和外螺纹刀。各主要外圆表面的表面粗糙度 R_a 值均为 1.6 μm,说明该零件对表面粗糙度要求比较高,因此,加工工艺应安排粗车和精车。工件零点位于工件右端面中心。

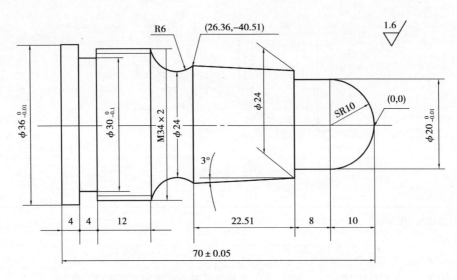

图 3.59　外轮廓车削加工零件

（2）工件的装夹方法及工艺路线的确定

①用三爪自定心卡盘夹持毛坯面,粗精车端面、SR10 mm 球头、ϕ20 mm 外圆、圆锥面、R6 mm 圆弧、M34 螺纹牙顶圆、ϕ36 mm 外圆至要求尺寸。

②车削 4 mm ×2 mm 沟槽。

③车削 M34 外螺纹。

（3）填写数控加工刀具卡片和工艺卡片（见表 3.7、表 3.8）

表 3.7　数控加工刀具卡

刀具号	刀具规格名称	数量	加工内容	主轴转速 /(r · min⁻¹)	进给量 /(mm · r⁻¹)	材　料
T01	93°外圆车刀	1	粗车工件外轮廓	800	0.2	YT15
T02	93°外圆车刀	1	精车工件外轮廓	1 000	0.1	YT15
T03	4 mm 宽切槽刀	1	车退刀槽	400	0.15	YT15
T04	60°外螺纹车刀	1	车 M34 ×2 螺纹	500		YT15

表 3.8　数控加工工艺卡

工步	名称工艺要求	刀具号	备　注
1	夹持毛坯面车削端面	T01	
2	粗车 SR10 mm 球头、ϕ20 mm 外圆、圆锥面、R6 mm 圆弧、M34 螺纹牙顶圆、ϕ36 mm 外圆	T01	
3	精车 SR10 mm 球头、ϕ20 mm 外圆、圆锥面、R6 mm 圆弧、M34 螺纹牙顶圆、ϕ36 mm 外圆	T02	
4	切 4 mm ×2 mm 退刀槽	T03	
5	车螺纹 M34 ×2 至要求尺寸	T04	
6	检验		

(4) 编写加工程序

由于各外圆公差方向一致,因此编程时只需按图样实际尺寸编程,通过修改刀补磨耗来保证尺寸要求,加工程序如表 3.9 所示。

表 3.9　零件加工程序

程序号 O0014		
程序段号	程序内容(FANUC 0i)	说　明
N05	M03 S800;	主轴正转,转速为 800 r/min
N10	T0101;	选 1 号粗车刀,建立 1 号刀补
N15	G00 X40.0 Z2.0;	刀具快速定位
N20	G71 U2.0 R0.5;	指定背吃刀量 2 mm,退刀量 0.5 mm
N25	C71 P30 Q85 U1.0 W0 F0.2;	端面外圆粗车循环
N30	G00 G42 X-1.6 S1000;	循环加工起始段,建立刀尖圆弧半径补偿,刀尖半径0.8
N35	G01 X0 Z0 F0.1;	靠刀
N40	G03 X20.0 Z-10.0 R10.0;	加工 SR10 mm 球头
N45	G01 Z-18.0;	加工 φ20 mm 外圆
N50	X24.0;	加工端面
N55	X26.36 Z-40.51;	加工圆锥面
N60	G02 X24.0 Z-44.5 R6.0;	加工 6 mm 圆弧
N65	G02 X33.80 Z-49.982 R6.0;	
N70	G01 Z-66.0;	加工 M34 螺纹牙顶圆
N75	X36.0;	加工端面
N80	Z-70.0;	加工 φ36 mm 外圆
N85	G40 X42;	循环加工结束段,取消刀补
N90	G00 X100.0 Z100.0;	快速退刀至安全换刀点
N95	T0100;	取消 1 号刀补
N100	T0202;	换 2 号精车刀,建立 2 号刀补
N105	G00 X40.0 Z2.0;	精加工定位
N110	G70 P30 Q85;	精加工循环
N115	G00 X100.0 Z100.0;	快速退刀至安全换刀点
N120	M05;	主轴停止
N125	T0200;	取消 2 号刀补
N130	M03 S400;	主轴正转,转速为 400 r/min,用于切槽
N135	T0303;	换 3 号切槽刀,建立 3 号刀补
N140	G00 X38.0 Z-66;	切槽刀左刀尖定位
N145	G01 X30.0 F0.15;	加工螺纹退刀槽
N150	G04 X2.0;	在槽底暂停 2S
N155	G01 X38.0;	径向切出退刀
N160	G00 X100.0 Z100.0;	快速退刀至安全换刀点
N165	M05;	主轴停止
N170	T0300;	取消 3 号刀补
N175	M03 S500;	主轴正转,转速为 500 r/min,用于加工螺纹

续表

程序段号	程序内容(FANUC 0i)	说　明
N180	T0404;	换4号螺纹车刀,建立4号刀补
N185	G00 X35.0 Z−48.0;	螺纹车刀定位到循环起点
N190	G92 X33.1 Z−64.0 F2.0;	
N195	X32.5;	
N200	X31.9;	5次下刀循环,加工 M34×2 至要求尺寸
N205	X31.5;	
N210	X31.4;	
N215	G00 X100;	
N220	Z100;	快速退刀至安全换刀点
N225	M05;	主轴停止
N230	T0400;	取消4号刀补
N235	M03 S400;	主轴正转,转速为400r/min,用于切断
N240	T0303;	换3号切断刀,建立3号刀补,
N245	G00 X42.0 Z−74;	切断刀左刀尖定位
N250	G01 X−1.0 F0.15;	工件切断
N255	G00 X50.0;	径向退刀
N260	X100.0 Z100.0;	快速退刀至安全换刀点
N265	M05;	主轴停止
N270	M30;	程序结束并返回起始

3.4.2　内轮廓车削编程及加工仿真

如图3.60所示为一套类零件内轮廓车削加工。材料45号钢,毛坯尺寸: $\phi50×45$ mm,生产批量中等。假设外圆已经加工到 $\phi48$ mm,试分析内轮廓的加工工艺、编制程序并进行加工仿真。

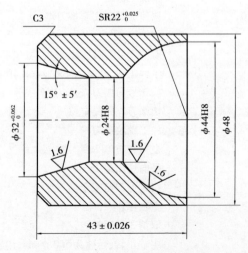

图3.60　内轮廓车削加工零件

（1）工艺分析

根据工件图样的几何形状和尺寸要求，第一次装夹夹持工件外圆右端，加工内容为左端面、倒外圆 C3、打中心孔，钻孔 ϕ22、粗精加工内孔 15°锥面。调头装夹的加工内容为右端面，取总长至 43 ± 0.026、粗精加工 SR22 球面，ϕ24H8 至要求尺寸。

（2）工件的装夹方法及工艺路线的确定

①用三爪自定心卡盘夹持 ϕ48 × 45 外圆面，车左端面、打中心孔，钻孔 ϕ22、粗精加工内孔 15°锥面。

②工件调头装夹，车右端面，取总长至 43 ± 0.026、粗精加工 SR22，ϕ24H8 至要求尺寸。

（3）填写数控加工刀具卡片和工艺卡片（见表 3.10、表 3.11）

表 3.10　数控加工刀具卡

刀具号	刀具规格名称	数量	加工内容	主轴转速 /(r·min⁻¹)	进给量 /(mm·r⁻¹)	材　料
T01	93°外圆车刀	1	倒 C3 角	800	0.1	YT15
	ϕ3mm 中心钻	1	定中心孔	500	手动	高速钢
	ϕ22mm 钻头	1	手动钻 ϕ22 通孔	500	手动	高速钢
T02	内孔车刀	1	粗精车内轮廓	600/1 000	0.15/0.1	YT15

表 3.11　数控加工工艺卡

工序	工步	加工内容	刀具号	备注
1	1	夹持 ϕ48 × 45 的外圆右端，车左端面	T01	手动
	2	倒外圆 C3	T01	
	3	打中心孔，钻孔 ϕ22	ϕ3 ϕ22	手动
	4	粗加工内孔 15°锥面	T02	
	5	精加工内孔 15°锥面	T02	
2	1	工件调头装夹，车右端面，取总长至 43 ± 0.026	T02	手动
	2	粗加工 SR22，ϕ24H8	T02	
	3	精加工 SR22，ϕ24H8 至要求尺寸	T02	

（4）编写加工程序

编程前，需要进行数值计算，求出各轮廓段交点的 Z 坐标值。加工程序如表 3.12、表 3.13 所示。

表 3.12　工序 1 加工程序

程序号 O0015		
程序段号	程序内容（FANUC 0i）	说　明
N05	M03 S800；	主轴正转,转速为 800 r/min
N10	T0101；	换 1 号外圆刀
N15	G00 G42 X40.0 Z1.0；	刀具快速定位
N20	G01 X50.0 Z－4.0 F0.1；	倒 C3 角
N25	G00 G40 X100.0 Z100.0；	快速退刀至安全换刀点
N30	T0100；	取消 1 号刀补
N35	T0202；	换 2 号刀
N40	G00 X22.0 Z1.0 S600；	刀具快速定位,内孔粗车转速 600 r/min
N45	G71 U1.0 R1.0；	粗车循环
N50	G71 P55 Q75 U－0.3 W0 F0.15；	加工内锥面
N55	G41 G00 X34.0 S1000；	精车起始段,精车转速 1 000 r/min
N60	G01 X32.0 Z0；	靠刀
N65	X24.0 W－14.93；	加工内孔 15°锥面
N70	X22.0 W－1.0；	
N75	G40 X22.0；	精车轮廓结束段
N80	G70 P55 Q75 F0.1；	精车循环
N85	G00 Z100.0；	快速退刀至安全换刀点
N90	X100.0；	
N95	M05；	主轴停止
N100	M30；	程序结束并返回起始

表 3.13　工序 2 加工程序

程序号 O0016		
程序段号	程序内容（FANUC 0i）	说　明
N05	M03 S600；	主轴正转,转速为 600 r/min
N10	T0202；	换 2 号内孔车刀
N15	G00 X22.0 Z1.0；	刀具快速定位
N20	G71 U1.0 R1.0；	粗车循环
N25	G71 P30 Q50 U－0.3 W0 F0.15；	
N30	G41 G00 X44.0 S1000；	精车轮廓起始段,精车转速 1 000 r/min
N35	G01 Z0；	靠刀
N40	G03 X24.0 W－18.44 R22.0；	加工 R22 内圆球面
N45	G01 Z－30.0；	加工 φ24 内圆柱面
N50	G40 X23.0；	精车轮廓结束段
N55	G70 P30 Q50 F0.1；	精车循环
N60	G00 Z100.0；	快速退刀至安全换刀点
N65	X100.0；	
N70	M30；	程序结束并返回起始

3.4.3　内外轮廓零件车削编程及加工仿真

如图 3.61 所示为内外轮廓综合车削零件,材料 45 号钢,棒料毛坯尺寸: $\phi50 \times 130$ mm。试分析其加工工艺、编写加工程序并进行仿真加工。

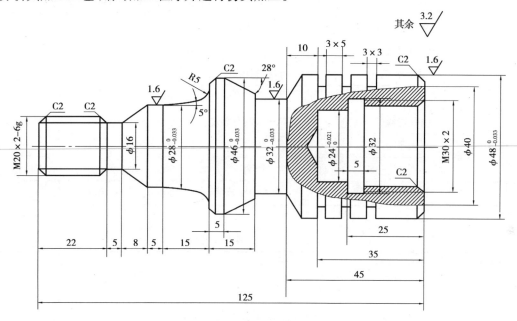

图 3.61　复杂零件车削加工

(1)工艺分析

根据工件图样的几何形状和尺寸要求,第一次装夹的加工内容为工件右端部分,包括打中心孔、钻孔 $\phi22$ 深 35、粗加工内孔 $\phi24$、M30×2 螺纹底径 $\phi28$、倒角 C2、加工内沟槽 5×32、加工内螺纹 M30×2、加工外圆 $\phi48$ 及外倒角 C2、切 3 个 3×$\phi40$ 槽;调头装夹的加工内容为工件左端部分,取总长 125、粗精加工螺纹外径、各倒角面、锥面、$\phi28$、R5 圆弧面、$\phi46$ 至要求尺寸、切 5×$\phi16$ 螺纹退刀槽、倒角 C2、切 10×$\phi32$ 槽、加工外螺纹 M20×2。

(2)工件的装夹方法及工艺路线的确定

①用三爪自定心卡盘夹持 $\phi50 \times 130$ 的毛坯左端,偏右端面,打中心孔,钻孔 $\phi22$ 深 35。

②粗精加工内孔 $\phi24$、M30×2 螺纹底径 $\phi28$,倒角 C2。

③加工内沟槽 5×32。

④加工内螺纹 M30×2。

⑤加工外圆 $\phi48$ 及外倒角 C2。

⑥切 3 个 3×$\phi40$ 槽。

⑦调头用三爪自定心卡盘夹持 $\phi48$,偏左端面,取总长 125。

⑧粗精加工螺纹外径、各倒角面、锥面、$\phi28$、R5 圆弧面、$\phi46$ 至要求尺寸。

⑨切 5×$\phi16$ 螺纹退刀槽,倒角 C2,切 10×$\phi32$ 槽。

⑩加工外螺纹 M20×2。

（3）填写数控加工刀具卡片和工艺卡片（见表 3.14、表 3.15）

表 3.14　数控加工刀具卡

刀具号	刀具规格名称	数量	加工内容	主轴转速 /(r·min⁻¹)	进给量 /(mm·r⁻¹)	材　料
	ϕ22 mm 中心孔钻头	1	手动钻 ϕ22 孔深 35	500	手动	高速钢
T01	93°外圆车刀	1	粗精车工件外轮廓	600/1 000	0.2/0.1	YT15
T02	内孔镗刀	1	粗精镗内孔	800	0.15/0.1	YT15
T03	5 mm 内孔沟槽刀	1	车内孔沟槽	400	0.01	YT15
T04	内孔螺纹刀	1	车 M30×2 内螺纹	800		YT15
T05	3 mm 外圆切槽刀	1	切槽	500	0.1	YT15
T06	4 mm 外圆切槽刀	1	切槽	500	0.1	YT15
T07	外螺纹刀	1	加工外螺纹	800	0.1	YT15

表 3.15　数控加工工艺卡

工序	工步	加工内容	刀具号	备注
1	1	夹持 ϕ50×130 毛坯左端，车削右端面	T01	手动
	2	打中心孔，钻孔 ϕ22 深 35	ϕ22 钻头	手动
	3	粗加工内孔 ϕ24、M30×2 螺纹底径 ϕ28、倒角 C2	T02	
	4	精加工内孔 ϕ24、M30×2 螺纹底径 ϕ28、倒角 C2	T02	
	5	加工内沟槽 5×32	T03	
	6	加工内螺纹 M30×2	T04	
2	1	加工外圆 ϕ48 及外倒角 C2	T01	
	2	切 3 个 3×ϕ40 槽	T05	
3	1	调头夹持 ϕ48，车左端面，取总长 125	T01	
	2	粗加工螺纹外径、各倒角面、锥面、ϕ28、R5 圆弧面、ϕ46 至要求尺寸	T01	
	3	精加工螺纹外径、各倒角面、锥面、ϕ28、R5 圆弧面、ϕ46 至要求尺寸	T01	
	4	切 5×ϕ16 螺纹退刀槽，倒角 C2，切 10×ϕ32 槽	T06	
	5	加工外螺纹 M20×2	T07	

（4）编写加工程序

各道工序加工程序分别如表 3.16—表 3.18 所示。

表 3.16   工序 1 加工程序

程序号 O0017		
程序段号	程序内容(FANUC 0i)	说 明
N05	M03 S800;	主轴正转,转速为 800 r/min
N10	T0202;	换 2 号内孔镗刀,粗精加工右端内轮廓
N15	G00 X22.0 Z1.0;	刀具快速定位
N20	G71 U1.0 R1.0;	粗加工循环
N25	G71 P30 Q55 U-0.3 W0 F0.15;	
N30	G41 G00 X34.0 S1000;	精车轮廓起始段号,精车转速 1 000 r/min
N35	G01 X28.0 Z-2.0 F0.1;	
N40	Z-25.0;	
N45	X24.0;	
N50	Z-35.0;	
N55	G40 X22.0;	精车轮廓结束段
N60	G70 P30 Q55;	精加工
N65	G00 Z100.0;	快速退刀至安全换刀点
N70	T0200;	取消 2 号刀补
N75	M03 S400 T0303;	换 3 号内孔沟槽刀,主轴转速 400 r/min
N80	G00 X26.0 Z2.0;	
N85	Z-25.0;	
N90	G01 X32.0 F0.1;	切内孔沟槽
N95	G00 X26.0;	
N100	Z100.0;	退刀至安全换刀点
N105	T0300;	取消 3 号刀补
N110	M03 S800 T0404;	换 4 号内孔螺纹刀,主轴转速 800 r/min
N115	G00 X26.0 Z4.0;	定位到螺纹循环起点
N120	G92 X28.9 Z-22.0 F2.0;	
N125	X29.5 Z-22.0 F2.0;	
N130	X30.1 Z-22.0 F2.0;	5 次下刀,循环加工内螺纹
N135	X30.5 Z-22.0 F2.0;	
N140	X30.6 Z-22.0 F2.0;	
N145	G00 Z100.0;	快速退刀至安全换刀点
N150	T0400 M05;	取消 4 号刀补,主轴停转
N155	M30;	程序结束并返回起始

表 3.17 工序 2 加工程序

程序号 O0018		
程序段号	程序内容（FANUC 0i）	说　明
N05	M03 S600 T0101；	换 1 号外圆车刀，主轴转速 600 r/min
N10	G00 X50.0 Z1.0；	快速定位到循环起点
N15	G71 U1.0 R1.0；	粗车循环，加工外圆 φ48
N20	G71 P25 Q40 U0.5 W0 F0.2；	
N25	G42 G00 X42.0 S1000；	循环起始段
N30	G01 X48.0 Z－2.0 F0.1；	加工外倒角 C2
N35	Z－55.0；	加工 φ48 圆柱面
N40	G40 X50.0；	循环结束段
N45	G70 P25 Q40；	精加工
N50	G00 X100.0 Z100.0；	退刀到安全换刀点
N55	T0100；	取消 1 号刀补
N60	M03 S500 T0505；	换 5 号切槽刀，主轴转速 500 r/min
N65	G00 X50.0 Z－19.0；	定位
N70	G01 X40.0 F0.1；	切右槽 1
N75	G00 X50.0；	径向退刀
N80	Z－27.0；	定位
N85	G01 X40.0 F0.1；	切右槽 2
N90	G0 X50.0；	径向退刀
N95	Z－35.0；	定位
N100	G01 X40.0 F0.1；	切右槽 3
N105	G00 X100.0；	径向退刀
N110	Z100.0；	快速退刀至安全换刀点
N115	T0500 M05；	取消 5 号刀补，主轴停转
N120	M30；	程序结束并返回起始

表 3.18 工序 3 加工程序

程序号 O0019		
程序段号	程序内容（FANUC 0i）	说　明
N05	M03 S600 T0101；	主轴正转，转速 600 r/min，换 1 号外圆车刀
N10	G00 X50.0 Z1.0；	刀具快速定位
N15	G71 U1.0 R1.0；	粗车循环，粗加工左端外轮廓
N20	G71 P25 Q100 U0.5 W0 F0.2；	
N25	G42 G00 X14.0 S1000；	循环起始段，精车转速 1 000 r/min
N30	G01 X20.0 Z－2.0 F0.1；	
N35	Z－22.0；	
N40	X16.0 Z－27.0；	

程序 段号	程序内容（FANUC 0i）	说　明
N45	X28.0 W - 8.0；	
N50	W - 5.0；	
N55	X29.82 W - 10.44；	
N60	G02 X39.78 Z - 55.0 R5.0；	
N65	G01 X42.0；	
N70	X46.0 W - 2.0；	
N75	W - 3.0；	
N80	X35.36 W - 10.0；	
N85	X32.0 W - 10.0；	
N90	X48.0 W - 5.0；	
N95	X49.0 W - 1.0；	
N100	G40 X50.0；	循环结束段
N105	G70 P25 Q100；	精车循环，精加工左端外轮廓
N110	G00 X100.0 Z100.0；	快速退刀至安全换刀点
N115	T0100；	取消 1 号刀补
N120	M03 S500 T0606；	换 6 号切槽刀，转速 500 r/min
N125	G00 X22.0 Z - 27.0；	切 5×ϕ16 螺纹退刀槽
N130	G01 X16.0 F0.1；	
N135	G00 X22.0；	
N140	Z - 26.0；	
N145	G01 X16.0 F0.1；	
N150	G00 X22.0；	
N155	Z - 23.0；	
N160	G01 X16.0 W - 3.0；	倒角 C2
N165	G00 X48.0；	切 10×ϕ32 槽
N170	Z - 74.0；	
N175	G01 X32.0；	
N180	G00 X35.0；	
N185	Z - 77.0；	
N190	G01 X32.0；	
N195	G00 X35.0；	
N200	Z - 80.0；	
N205	G01 X31.985；	
N210	Z - 74.0；	
N215	G00 X100.0；	
N220	Z100.0；	退刀到安全换刀点
N225	T0600；	取消 6 号刀补
N230	M03 S800 T0707；	换 7 号外螺纹刀，主轴转速 800 r/min
N235	G00 X24.0 Z4.0；	定位到循环起点

续表

程序段号	程序内容（FANUC 0i）	说　明
N240	G92 X19.1 Z−24.0 F2.0；	
N245	X18.5 Z−24.0 F2.0；	5 次下刀,循环车削外螺纹
N250	X17.9 Z−24.0 F2.0；	
N255	X17.5 Z−24.0 F2.0；	
N260	X17.4 Z−24.0 F2.0；	
N265	G00 X100.0；	
N270	Z100.0；	快速退刀至安全换刀点
N275	T0700 M05；	取消 7 号刀补,主轴停转
N280	M30；	程序结束并返回起始

3.5　数控车床的基本操作

3.5.1　数控车床操作注意事项

①在操作数控车床之前,必须详细认真地阅读有关操作说明书,充分了解和掌握所用车床的特性及各项操作与编程规定。

②开机前,要仔细检查数控车床电源是否正常,润滑油是否充足,油路是否畅通。

③数控车床通电后,检查各开关、旋钮和按键是否正常、灵活。

④加工过程中,一定要关好防护门。

⑤工作完毕后,必须做好数控车床及周边场所的清洁整理工作。

3.5.2　开关机操作

①电源接通前检查。检查机床防护门、电气控制门等是否已关闭。

②机床启动。打开机床总电源开关 →按下控制面板上电源开启按钮 →再开启急停按钮。

③机床的关停 。按下急停按钮 →按下控制面板电源关闭按钮 →关掉机床电源总开关。

3.5.3　手动返回参考点

对于使用相对编码器的数控车床,只要数控系统断电重新启动后,就必须执行返回参考点操作。如果断电重新启动后没有返回参考点,则参考点指示灯不停地闪烁,提醒操作者进行该项操作。

在手动返回参考点过程中,为了保证车床及刀具的安全,一般按先回 X 轴后回 Z 轴的顺序进行。

3.5.4　编辑操作

编辑方式是用来输入、修改、删除、查询及调用加工程序的一种工作方式。

3.5.5　车床锁住操作

为了对编好的程序进行模拟刀具运动轨迹的操作,通常要进行车床锁住操作。按下车床锁住键 ⇨ ,此时该键指示灯亮,车床锁住状态有效。要解除车床锁住状态,只要再一次按下车床锁住键 ⇨ ,即可解除。

注意:在车床锁住状态下,只是锁住了各伺服轴的运动,主轴、冷却和刀架照常工作。

3.5.6　毛坯装夹与刀具安装

毛坯装夹定位准确合理,刀具安装顺序尽量与程序里的刀具号对应。

3.5.7　对刀操作

对于近距离对刀操作,一般选择手摇轮进给方式,操作者可转动手轮使溜板进行前后左右的精确移动。

3.5.8　安全功能操作

(1)急停按钮操作

①机床在遇到紧急情况时,应立即按急停按钮 ⊙ ,主轴和进给全部停止。

②急停按钮按下后,机床被锁住,并在屏幕上出现"EMG"字样,车床报警指示灯点亮。

③当清除故障因素后,沿箭头指示方向旋转一定角度,急停按钮自动弹起,机床操作正常。

注意:此按钮按下时,会产生自锁,但通常旋转此按钮即可释放。当机床故障排除,急停按钮旋转复位后,一定要先回零(回参考点)然后再进行其他操作。

(2)超程解除操作

在车床操作过程中,可能由于某种原因会使车床的溜板在某方向的移动位置超出设定的安全区域,数控系统会产生超程报警并停止溜板的移动,此时机床不能工作。

解除超程应按着 超程释放 按键并沿着超程的相反方向移动溜板,直至释放被压住的限位开关,解除急停状态。

3.5.9　自动操作方式

选择要执行的程序→选择自动操作方式→按下循环启动键 ▯ ,按键灯亮。自动加工循环开始直到程序执行完毕,循环启动指示灯灭,加工循环结束。

3.5.10　倍率调整

倍率调整包括主轴倍率、快速倍率和进给倍率的修调。在自动加工过程中,为了达到最佳的切削效果,可利用倍率修调来调整程序中给定的速度。

3.5.11 数控车床的安全操作规程

①操作者必须熟悉使用车床的性能、结构,严禁违规使用。

②开机前应检查数控车床各部分是否完整、正常,数控车床的安全防护装置是否可靠。

③操作者必须严格按照操作步骤操作数控车床,未经操作者同意,其他人员不得私自开动。

④佩戴防护眼镜并穿好工作服,严禁戴手套或饰品操作数控车床。

⑤健康状况不佳时,不要操作数控车床。

⑥遇到紧急情况,应立即按下急停按钮。

⑦数控车床发生故障时,应立即停车检查,及时排除故障。

⑧严禁任意修改或删除数控车床参数。

⑨工作完毕后,做好数控车床清扫工作,保持清洁,将尾座和拖板移至床尾位置,并切断电源。

第 4 章
数控铣床加工与编程

4.1 概 述

数控铣床是机床设备中应用非常广泛的加工机床,一般都能完成钻孔、镗孔、铰孔、铣平面、铣台阶、铣各种沟槽、铣曲面、攻螺纹等加工,特别适合各种复杂的模具零件的加工,并可一次性装夹完成所需要的加工工序。加工中心、柔性制造单元等都是在数控铣床的基础上产生和发展起来的。

4.1.1 数控铣床的分类

(1)按机床主轴的布局形式分类
根据主轴位置布置的不同,数控铣床分为立式数控铣床(见图 4.1)和卧式数控铣床(见图 4.2)等。

图 4.1 立式数控铣床

图 4.2 卧式数控铣床

(2)按采用的数控系统功能分类
按采用的数控系统功能的不同,数控铣床可分为经济型数控铣床(见图 4.3)、全功能数控铣床(见图 4.4)、高速数控铣床(见图 4.5)及龙门数控铣床(见图 4.6)等。

图 4.3　经济型数控铣床

图 4.4　全功能数控铣床

图 4.5　高速数控铣床

图 4.6　龙门数控铣床

4.1.2　数控铣床的结构

数控铣床的机械结构,除铣床基础部件外,还由以下各部分组成:

①主传动系统。

②进给系统。

③实现工件回转、定位装置和附件。

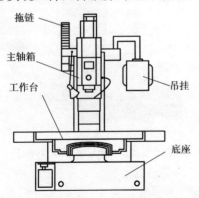

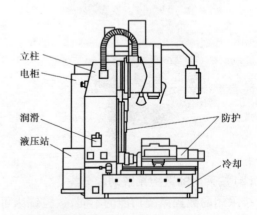

图 4.7　XKA714 型数控铣床床身结构

④实现某些部件动作和辅助功能的系统和装置,如液压、气动、润滑、冷却等系统和排屑、防护等装置。

铣床基础件称为铣床大件,通常是指床身、底座、立柱、横梁、滑座及工作台等,它是整台铣床的基础和框架。铣床的其他零部件,或者固定在基础件上,或者工作时在它的导轨上运动。其他机械结构的组成则按铣床的功能需要选用。

XKA714 型数控铣床床身结构如图 4.7 所示。

4.1.3　数控铣床的技术参数

XKA714 型数控铣床主要技术参数如表 4.1 所示。

表 4.1　XKA714 型数控铣床主要技术参数

项　目		单　位	XKA714	XKA715
工作台	工作面积　宽×长	mm	400×1 100	500×1 250
	承载质量	kg	1 500	2 000
行程	X 向(工作台左右)	mm	600	900
	Y 向(工作台前后)	mm	450	520
	Z 向(主轴箱上下)	mm	500	550
主轴	转速范围	mm/min	100~1 200	500~6 000
	锥孔	ISO	7:24 No.50	
	刀柄型号		JT40	
进给	切削进给速度	mm/min	X,Y:6~3 200　Z:3~1 600	
	快速移动进给速度	mm/min	X,Y:8 000　Z:4 000	
电动机	主电机功率	kW	5.5/7.5	7.5/11
	进给电机扭矩	NM	180/230	220/320
	进给电机扭矩	NM	14	
	冷却泵	kM	0.75	0.75
精度	定位精度	mm	±0.015	
	重复定位精度		±0.015	
其他	机床外形尺寸(长×宽×高)	mm	2 233×1 830×2 293	2 532×2 170×2 452
	机床净重(约)	kg	3 500	4 500

4.2 数控铣床加工工艺

4.2.1 数控铣削的主要加工对象

数控铣削主要适合以下 5 类零件的加工：

(1)平面类零件

平面类零件是指加工面平行或垂直于水平面，以及加工面与水平面的夹角为一定数值的零件，这类加工面可展开为平面。

如图 4.8 所示的 3 个零件均为平面类零件。其中，曲线轮廓面 A 垂直于水平面，可采用圆柱立铣刀加工。凸台侧面 B 与水平面成一定角度，这类加工面可以采用专用的角度成形铣刀来加工。对于斜面 C，当工件尺寸不大时，可用斜板垫平后加工；当工件尺寸很大，斜面坡度又较小时，也常用行切加工法加工，这时会在加工面上留下进刀时的刀锋残留痕迹，要用钳修方法加以清除。

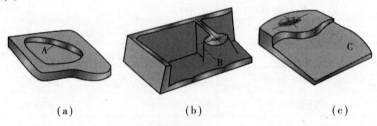

(a)   (b)   (c)

图 4.8 平面类零件

（a）轮廓面 A （b）轮廓面 B （c）轮廓面 C

(2)直纹曲面类零件

直纹曲面类零件是指由直线依某种规律移动所产生的曲面类零件。如图 4.9 所示零件的加工面就是一种直纹曲面，当直纹曲面从截面（1）至截面（2）变化时，其与水平面间的夹角从 3°10′均匀变化为 2°32′，从截面（2）到截面（3）时，又均匀变化为 1°20′，最后到截面（4），斜角均匀变化为 0°。直纹曲面类零件的加工面不能展开为平面。

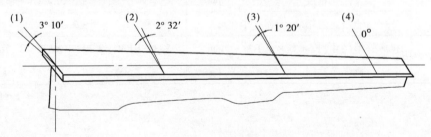

图 4.9 直纹曲面

当采用四坐标或五坐标数控铣床加工直纹曲面类零件时，加工面与铣刀圆周接触的瞬间为一条直线。这类零件也可在三坐标数控铣床上采用行切加工法实现近似加工。

（3）立体曲面类零件

加工面为空间曲面的零件称为立体曲面类零件。这类零件的加工面不能展成平面，一般使用球头铣刀切削，加工面与铣刀始终为点接触，若采用其他刀具加工，易于产生干涉而铣伤邻近表面。加工立体曲面类零件一般使用三坐标数控铣床加工。

（4）孔的加工

孔及孔系的加工可以在数控铣床上进行，如钻、扩、铰和镗等加工。由于孔加工多采用定尺寸刀具，需要频繁换刀，当加工孔的数量较多时，就不如采用加工中心加工方便、快捷。

（5）螺纹加工

内、外螺纹，圆柱螺纹，圆锥螺纹等都可在数控铣床上加工。

4.2.2　数控铣削加工工艺

数控铣削加工的工艺设计是在普通铣削加工工艺设计的基础上，考虑和利用数控铣床的特点，充分发挥其优势，其关键在于合理安排工艺路线，协调数控铣削工序与其他工序之间的关系，确定数控铣削工序的内容和步骤，并为程序编制准备必要的条件。

（1）选择并确定数控铣削的加工部位及内容

一般情况下，单个零件并不是所有的表面都需要采用数控加工，应根据该零件的加工要求和企业生产条件进行具体分析，确定具体的加工部位和内容及要求。具体在以下 7 个方面宜采用数控铣削加工：

①由直线、圆弧、非圆曲线及列表曲线构成的内外轮廓。

②空间曲线或曲面。

③形状虽然简单，但尺寸繁多、检测困难的部位。

④用普通机床加工难以观察、控制及检测的内腔、箱体内部等。

⑤有严格位置尺寸要求的孔或平面。

⑥能够在一次装夹中顺带加工完成的简单表面或形状。

⑦采用数控铣削加工能有效提高生产效率、减轻劳动强度的一般加工内容。

（2）零件图及其结构工艺性分析

根据数控铣削加工的特点，对零件图样进行工艺性分析时，应主要分析与考虑以下一些问题：

①分析零件的形状、结构及尺寸特点，确定零件上是否有妨碍刀具运动的部位，是否有会产生加工干涉或加工不到的区域，零件的最大形状尺寸是否超过机床的最大行程，零件的刚性随着加工的进行是否有太大的变化等。

②检查零件的加工要求，如尺寸加工精度、形位公差及表面粗糙度在现有的加工条件下能否得到保证，是否还有更经济的加工方法或方案。

③在零件上是否存在对刀具形状及尺寸有限制的部位和尺寸要求，如过渡圆角、倒角、槽宽等，这些尺寸是否过于凌乱，是否可以统一。尽量使用最少的刀具进行加工，减少刀具规格、换刀及对刀次数和时间，以缩短总的加工时间。

④对于零件加工中使用的工艺基准应当着重考虑，它不仅决定了各个加工工序的前后顺序，还将对各个工序加工后各个加工表面之间的位置精度产生直接的影响。应分析零件上是否有可以利用的工艺基准，对于一般加工精度要求，可以利用零件上现有的一些基准面或基

准孔,或专门在零件上加工出工艺基准。当零件的加工精度要求很高时,必须采用先进的统一基准定位装夹系统才能保证加工要求。

⑤分析零件材料的种类、牌号及热处理要求,了解零件材料的切削加工性能,合理选择刀具材料和切削参数。同时考虑热处理对零件的影响,如热处理变形,并在工艺路线中安排相应的工序消除这些影响。

⑥当零件上的一部分内容已经加工完成时,应充分了解零件的已加工状态,数控铣削加工的内容与已加工内容之间的关系,尤其是位置尺寸关系,以及这些内容之间在加工时如何协调,采用什么方式或基准保证加工要求。

⑦构成零件轮廓的几何元素(点、线、面)的条件(如相切、相交、垂直和平行等)是数控编程的重要依据。因此,在分析零件图样时,务必要分析几何元素的给定条件是否充分,发现问题及时与设计人员进行协商解决。

总之,加工工艺取决于产品零件的结构形状、尺寸和技术要求等。

(3)零件毛坯的工艺性分析

零件在进行数控铣削加工时,由于加工过程的自动化,故余量的大小、如何装夹等问题,在设计毛坯时就要仔细考虑好。否则,如果毛坯不适合数控铣削,加工将很难进行下去。根据实践经验,以下两个方面应作为毛坯工艺分析的重点:

1)毛坯应有充分、稳定的加工余量

毛坯主要是指锻件、铸件。模锻时因欠压量与允许的错模量会造成余量的多少不等;铸造时也会因砂型误差、收缩量及金属液体的流动性差不能充满型腔等造成余量不等。此外,锻造、铸造后,毛坯的挠曲与扭曲变形量的不同也会造成加工余量不充分、不稳定。因此,除板料外,不论是锻件、铸件还是型材,只要准备采用数控铣削加工,其加工面均应有较充分的余量。经验证明,数控铣削中最难保证的是加工面与非加工面之间的尺寸。如果已确定或准备采用数控铣削加工,就应事先对毛坯的设计进行必要更改或在设计时加以充分考虑,即零件图样注明的非加工面处也增加适当的余量。

2)分析毛坯的装夹适应性

主要考虑毛坯在加工时定位和夹紧的可靠性与方便性,以便在一次安装中加工出较多表面。对于不便于装夹的毛坯,可考虑在毛坯上另外增加装夹余量、工艺凸台等辅助基准。

(4)数控铣削加工工艺路线的设计

数控加工工艺路线设计与通用机床加工工艺路线设计的主要区别,在于它往往不是指从毛坯到成品的整个工艺过程,而仅是几道数控加工工序工艺过程的具体描述。因此,在工艺路线设计中一定要注意,由于数控加工工序一般都穿插于零件加工的整个工艺过程中,因而要与其他加工工艺衔接好。常见工艺流程如图4.10所示。

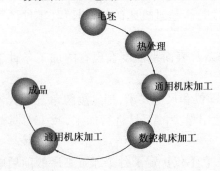

图4.10 工艺流程

数控加工工艺路线设计中应注意以下4个问题:

1)加工方法的选择

数控铣削加工对象的主要加工表面一般可采用如表4.2所示的加工方案。

表4.2　加工表面的加工方案

序号	加工表面	加工方案	应使用的刀具
1	平面内外轮廓	X,Y,Z方向粗铣→内外轮廓分层半精铣→轮廓高度方向分层半精铣→内外轮廓精铣	整体高速钢或硬质合金立铣刀 机夹可转位硬质合金立铣刀
2	空间曲面	X,Y,Z方向粗铣→曲面Z方向分层粗铣→曲面半精铣→曲面精铣	整体高速钢或硬质合金立铣刀、球头铣刀 机夹可转位硬质合金立铣刀、球头铣刀
3	孔	定尺寸刀具加工	麻花钻、扩孔钻、铰刀、镗刀
		铣削	整体高速钢或硬质合金立铣刀 机夹可转位硬质合金立铣刀
4	外螺纹	螺纹铣刀铣削	螺纹铣刀
5	内螺纹	攻丝	丝锥
		螺纹铣刀铣削	螺纹铣刀

2）工序的划分

根据数控加工的特点,数控加工工序的划分一般可按以下方法进行：

①以一次安装、加工作为一道工序。这种方法适合于加工内容较少的零件,加工完后就能达到待检状态。

②以同一把刀具加工的内容划分工序。有些零件虽然能在一次安装中加工出很多待加工表面,但考虑到程序太长,会受到某些限制,如控制系统的限制（主要是内存容量）、机床连续工作时间的限制（如一道工序在一个工作班内不能结束）等。此外,程序太长会增加出错与检索的困难。因此程序不能太长,一道工序的内容不能太多。

③以加工部位划分工序。对于加工内容很多的工件,可按其结构特点将加工部位分成几个部分,如内腔、外形、曲面或平面,并将每一部分的加工作为一道工序。

④以粗、精加工划分工序。对于经加工后易发生变形的工件,由于对粗加工后可能发生的变形需要进行校形,故一般来说,凡要进行粗、精加工的过程,都要将工序分开。

3）加工顺序的安排

顺序的安排应根据零件的结构和毛坯状况,以及定位、安装与夹紧的需要来考虑。顺序安排一般应按以下原则进行：

①上道工序的加工不能影响下道工序的定位与夹紧,中间穿插有通用机床加工工序的也应综合考虑。

②先进行内腔加工,后进行外形加工。

③以相同定位、夹紧方式加工或用同一把刀具加工的工序,最好连续加工,以减少重复定位次数、换刀次数与挪动压板次数。

4)数控加工工艺与普通工序的衔接

数控加工工序前后一般都穿插有其他普通加工工序,如衔接得不好就容易产生矛盾。因此,在熟悉整个加工工艺内容的同时,要清楚数控加工工序与普通加工工序各自的技术要求、加工目的、加工特点,如要不要留加工余量,留多少;定位面与孔的精度要求及形位公差;对校形工序的技术要求;对毛坯的热处理状态,等等。这样才能使各工序达到相互满足加工需要,且质量目标及技术要求明确,交接验收有依据。

(5)加工路线的确定

1)确定走刀路线

走刀路线就是刀具在整个加工工序中的运动轨迹,它不但包括了工步的内容,也反映出工步顺序。走刀路线是编写程序的依据之一。确定走刀路线时应注意以下4点:

①寻求最短加工路线。

加工如图4.11(a)所示零件上的孔系。图4.11(b)的走刀路线为先加工完外圈孔后,再加工内圈孔。若改用图4.11(c)的走刀路线,减少空刀时间,则可节省定位时间近1倍,提高了加工效率。

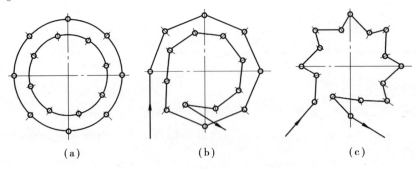

图4.11 最短走刀路线的设计
(a)零件图样 (b)路线1 (c)路线2

②最终轮廓一次走刀完成。

为保证工件轮廓表面加工后的粗糙度要求,最终轮廓应安排在最后一次走刀中连续加工出来。

如图4.12(a)所示为用行切方式加工内腔的走刀路线。这种走刀能切除内腔中的全部余量,不留死角,不伤轮廓。但行切法将在两次走刀的起点和终点间留下残留高度,而达不到要求的表面粗糙度。因此,如采用图4.12(b)的走刀路线,先用行切法,最后沿周向环切一刀,光整轮廓表面,能获得较好的效果。图4.12(c)也是一种较好的走刀路线方式。

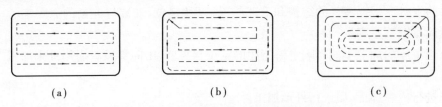

图4.12 铣削内腔的3种走刀路线
(a)路线1 (b)路线2 (c)路线3

③选择切入切出方向。

考虑刀具的进、退刀(切入、切出)路线时,刀具的切出或切入点应在沿零件轮廓的切线上,以保证工件轮廓光滑;应避免在工件轮廓面上垂直上、下刀而划伤工件表面;尽量减少在轮廓加工切削过程中的暂停(切削力突然变化造成弹性变形),以免留下刀痕,如图4.13所示。

④选择使工件在加工后变形小的路线。

对横截面积小的细长零件或薄板零件应采用分几次走刀加工到最后尺寸或对称去除余量法安排走刀路线。安排工步时,应先安排对工件刚性破坏较小的工步。

2)确定刀具与工件的相对位置

对于数控机床来说,在加工开始时,确定刀具与工件的相对位置是很重要的。这一相对位置是通过确认对刀点来实现的。对刀点是指通过对刀确定刀具与工件相对位置的基准点。对刀点可设置在被加工零件上,也可设置在夹具上与零件定位基准有一定尺寸联系的某一位置,对刀点往往就选择在零件的加工原点。对刀点的选择原则如下:

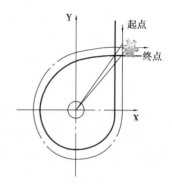

图4.13 刀具切入和切出时的外延

①所选的对刀点应使程序编制简单。

②对刀点应选择在容易找正、便于确定零件加工原点的位置。

③对刀点应选在加工时检验方便、可靠的位置。

④对刀点的选择应有利于提高加工精度。

在使用对刀点确定加工原点时,就需要进行"对刀",所谓对刀,是指使"刀位点"与"对刀点"重合的操作。每把刀具的半径与长度尺寸都是不同的,刀具装在机床上后,应在控制系统中设置刀具的基本位置。"刀位点"是指刀具的定位基准点。如图4.14所示,圆柱铣刀的刀位点是刀具中心线与刀具底面的交点;球头铣刀的刀位点是球头的球心点或球头顶点;车刀的刀位点是刀尖或刀尖圆弧中心;钻头的刀位点是钻头顶点。各类数控机床的对刀方法是不完全一样的,这一内容将结合各类机床分别讨论。

换刀点是为加工中心、数控车床等采用多刀进行加工的机床而设置的,因为这些机床在加工过程中要自动换刀。对于手动换刀的数控铣床,也应确定相应的换刀位置。为防止换刀时碰伤零件、刀具或夹具,换刀点常常设置在被加工零件的轮廓之外,并留有一定的安全量。

(6)顺铣、逆铣的确定

在铣削加工中,采用顺铣还是逆铣方式是影响加工表面粗糙度的重要因素之一。逆铣时切削力 F 的水平分力 F_x 方向与进给运动 v_f 方向相反,顺铣时切削力 F 的水平分力 F_x 的方向与进给运动 v_f 的方向相同。铣削方式的选择应视零件图样的加工要求、工件材料的性质、特点以及机床、刀具等条件综合考虑。通常由于数控机床传动采用滚珠丝杠结构,其进给传动间隙很小,顺铣的工艺性就优于逆铣。当工件表面无硬皮,机床进给机构无间隙时,应选用顺铣,按照顺铣安排进给路线。因为采用顺铣加工后,零件已加工表面质量好,刀齿磨损小。精铣时,尤其是零件材料为铝镁合金、钛合金或耐热合金时,应尽量采用顺铣。当工件表面有硬皮,机床的进给机构有间隙时,应选用逆铣,按照逆铣安排进给路线。因为逆铣时,刀齿是从已加工表面切入,不会崩刃;机床进给机构的间隙不会引起振动和爬行。

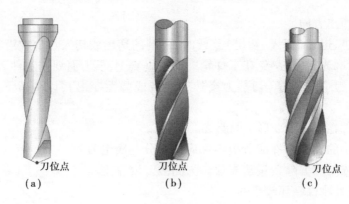

图 4.14 刀位点

(a)钻头的刀位点 (b)圆柱铣刀的刀位点 (c)球头铣刀的刀位点

如图 4.15(a)所示为采用顺铣切削方式精铣外轮廓,如图 4.15(b)所示为采用逆铣切削方式精铣型腔轮廓,如图 4.15(c)所示为顺、逆铣时的切削区域。

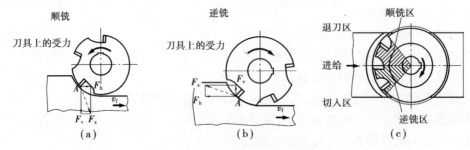

图 4.15 顺铣和逆铣切削方式

(a)顺铣 (b)逆铣 (c)切入和退刀区

同时,为了降低表面粗糙度值,提高刀具耐用度,对于铝镁合金、钛合金和耐热合金等材料,尽量采用顺铣加工。但如果零件毛坯为黑色金属锻件或铸件,表皮硬而且余量一般较大,这时采用逆铣较为合理。

(7)切削用量的选择

铣削加工的切削用量包括切削速度、进给速度、背吃刀量及侧吃刀量。从刀具耐用度出发,切削用量的选择方法是首先选择背吃刀量或侧吃刀量,其次选择进给速度,最后确定切削速度。

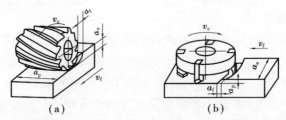

图 4.16 铣削加工的切削用量图

1)背吃刀量 a_p 或侧吃刀量 a_e

背吃刀量 a_p 为平行于铣刀轴线测量的切削层尺寸,单位为 mm。端铣时,a_p 为切削层深度;而圆周铣削时,为被加工表面的宽度。侧吃刀量 a_e 为垂直于铣刀轴线测量的切削层尺寸,单位为 mm。端铣时,a_e 为被加工表面宽度;而圆周铣削时,a_e 为切削层深度,如图 4.16 所示。

背吃刀量或侧吃刀量的选取主要由加工余量和对表面质量的要求决定:

①当工件表面粗糙度值要求为 $R_a=12.5\sim25~\mu m$ 时,如果圆周铣削加工余量小于 5 mm,端面铣削加工余量小于 6 mm,粗铣一次进给就可达到要求。但是在余量较大,工艺系统刚性较差或机床动力不足时,可分两次进给完成。

②当工件表面粗糙度值要求为 $R_a=3.2\sim12.5~\mu m$ 时,应分为粗铣和半精铣两步进行。粗铣时,背吃刀量或侧吃刀量选取同前。粗铣后留 0.5~1.0 mm 余量,在半精铣时切除。

③当工件表面粗糙度值要求为 $R_a=0.8\sim3.2~\mu m$ 时,应分为粗铣、半精铣、精铣 3 步进行。半精铣时背吃刀量或侧吃刀量取 1.5~2 mm;精铣时,圆周铣侧吃刀量取 0.3~0.5 mm,端面铣刀背吃刀量取 0.5~1 mm。

2)进给量 f 与进给速度 v_f 的选择

铣削加工的进给量 $f($ mm/r$)$ 是指刀具转 1 周,工件与刀具沿进给运动方向的相对位移量;进给速度 $v_f($ mm/min$)$ 是单位时间内工件与铣刀沿进给方向的相对位移量。进给速度与进给量的关系为 $v_f=n_f($ n 为铣刀转速,单位 r/min$)$。进给量与进给速度是数控铣床加工切削用量中的重要参数,根据零件的表面粗糙度、加工精度要求、刀具及工件材料等因素,参考切削用量手册选取或通过选取每齿进给量 f_z,再根据公式 $f=z\times f_z(z$ 为铣刀齿数$)$ 计算。

每齿进给量 f_z 的选取主要依据工件材料的力学性能、刀具材料、工件表面粗糙度等因素。工件材料强度和硬度越高,f_z 越小;反之,则越大。硬质合金铣刀的每齿进给量高于同类高速钢铣刀。工件表面粗糙度要求越高,f_z 就越小。每齿进给量的确定可参考表 4.3 选取。工件刚性差或刀具强度低时,应取较小值。

表 4.3　铣刀每齿进给量参考值

工件材料	每齿进给量 f_z/ mm			
	粗　铣		精　铣	
	高速钢铣刀	硬质合金铣刀	高速钢铣刀	硬质合金铣刀
钢	0.10 ~ 0.15	0.10 ~ 0.25	0.02 ~ 0.05	0.10 ~ 0.15
铸铁	0.12 ~ 0.20	0.15 ~ 0.30		

3)切削速度 v_c

铣削的切削速度 v_c 与刀具的耐用度、每齿进给量、背吃刀量、侧吃刀量以及铣刀齿数成反比,而与铣刀直径成正比。其原因是当 f_z,a_p,a_e 和 z 增大时,刀刃负荷增加,而且同时工作的齿数也增多,使切削热增加,刀具磨损加快,从而限制了切削速度的提高。为提高刀具耐用度允许使用较低的切削速度。但是,加大铣刀直径则可改善散热条件,可提高切削速度。

铣削加工的切削速度 v_c 可参考表 4.4 选取,也可参考有关切削用量手册中的经验公式通过计算选取。

表 4.4　铣削加工的切削速度参考值

工件材料	硬度（HBS）	$v_c/(\mathrm{m \cdot min^{-1}})$	
		高速钢铣刀	硬质合金铣刀
钢	< 225	18 ~ 42	66 ~ 150
	225 ~ 325	12 ~ 36	54 ~ 120
	325 ~ 425	6 ~ 21	36 ~ 75
铸铁	< 190	21 ~ 36	66 ~ 150
	190 ~ 260	9 ~ 18	45 ~ 90
	260 ~ 320	4.5 ~ 10	21 ~ 30

4.2.3　数控铣削加工刀具

（1）对刀具的基本要求

1）铣刀刚性要好

要求铣刀刚性好的目的：一是满足为提高生产效率而采用大切削用量的需要；二是为适应数控铣床加工过程中难以调整切削用量的特点。在数控铣削中，因铣刀刚性较差而断刀并造成零件损伤的事例是经常有的，因此解决数控铣刀的刚性问题是至关重要的。

2）铣刀耐用度要高

当一把铣刀加工的内容很多时，如果刀具磨损较快，不仅会影响零件的表面质量和加工精度，而且会增加换刀与对刀次数，从而导致零件加工表面留下因对刀误差而形成的接合台阶，降低零件的表面质量。

（2）铣削刀具

如图 4.17 所示为数控铣削刀具系统。

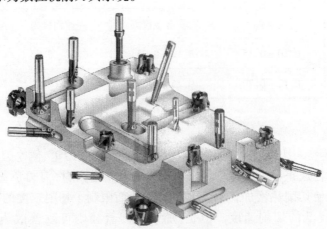

图 4.17　数控铣削刀具系统

1）刀柄

刀柄结构示意图如图 4.18 所示。

刀柄拉钉

主轴锥孔及端面键

图 4.18　刀柄结构

2）常用铣刀的种类及其选择

在数控铣床上使用的刀具主要为铣刀，包括面铣刀、立铣刀、球头刀、三面刃盘铣刀及环形铣刀等，除此以外，还有各种孔加工刀具，如钻头、锪钻、铰刀、镗刀及丝锥等。

①面（盘）铣刀，铣较大平面时，为了提高生产效率和提高加工表面粗糙度，一般采用刀片镶嵌式盘形铣刀，如图 4.19 所示。

②铣小平面或台阶面时，一般采用立（端）铣刀，如图 4.20 所示。

图 4.19　面（盘）铣刀

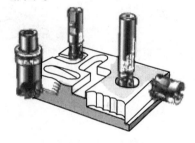

图 4.20　立（端）铣刀

③铣键槽时，为了保证槽的尺寸精度，一般用键槽铣刀，如图 4.21 所示。

图 4.21　键槽铣刀

④加工曲面类零件时，为了保证刀具切削刃与加工轮廓在切削点相切，而避免刀刃与工件轮廓发生干涉，一般采用球头刀，粗加工用两刃铣刀，半精加工和精加工用四刃铣刀球头铣刀，如图 4.22 所示。

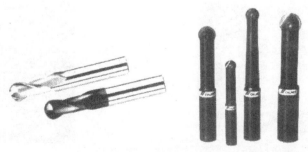

图 4.22　球头铣刀

⑤粗加工实体模型时,为提高生产效率,一般采用环形铣刀,如图4.23所示。

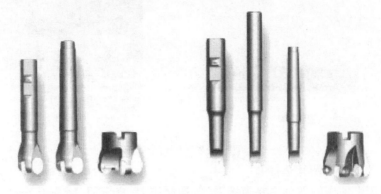

图4.23　机夹式环形铣刀

⑥孔加工时,可采用钻头、镗刀等孔加工类刀具,如图4.24所示。

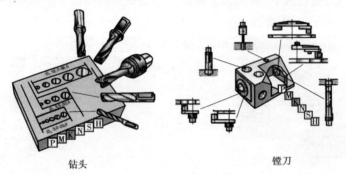

钻头　　　　　　　　　　镗刀

图4.24　其他刀具

(3)刀具的选择原则

①根据加工表面的特点和尺寸选择刀具的类型。

②根据工件材料和加工要求选择刀片材料及尺寸。

③根据加工条件选择刀柄。

4.2.4　数控铣削加工中常用夹具、辅具及测量工具

(1)数控铣床常用夹具

数控铣床常用夹具有台虎钳、自定心卡盘、压板,如图4.25、图4.26、图4.27所示。

图4.25　机用台虎钳

图4.26　自定心卡盘

图 4.27　压板

（2）常用辅助工具

常用辅助工具有铣刀刀柄、弹簧夹头、锁刀座和扳手，如图 4.28、图 4.29 所示。

图 4.28　刀柄、强力弹簧夹头和扳手

图 4.29　锁刀柄和扳手

（3）工件的常用找正工具

常用的找正工具有杠杆百分表和磁力表座，如图 4.30 所示。

图 4.30　杠杆百分表和磁力表座

（4）常用测量工具

数控铣削加工零件的检测，一般常规尺寸仍可使用普通的量具进行测量，如游标卡尺、内径百分表等，也可采用投影仪测量；而高精度尺寸、空间位置尺寸、复杂轮廓和曲面的检验则只有采用三坐标测量机才能完成。

在数控铣削加工中，常用到的量具有游标卡尺、千分尺、百分表等。

常用测量量具如图 4.31—图 4.38 所示。

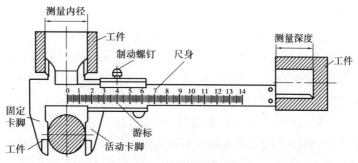

图 4.31　普通游标卡尺

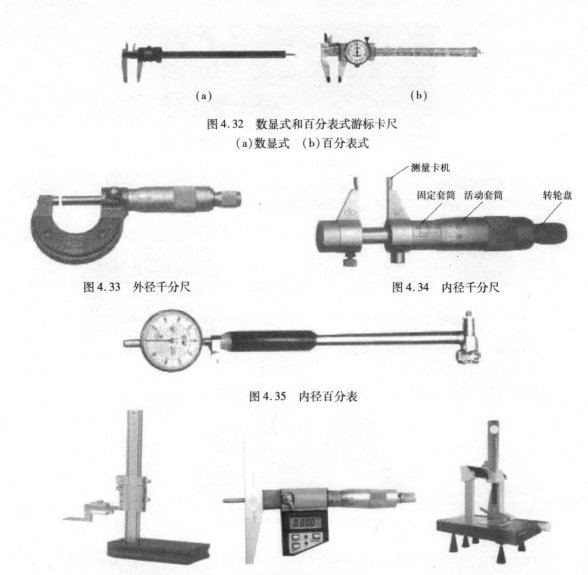

图 4.32　数显式和百分表式游标卡尺
(a)数显式　(b)百分表式

图 4.33　外径千分尺　　　　　图 4.34　内径千分尺

图 4.35　内径百分表

图 4.36　高度游标卡尺　　　图 4.37　深度千分尺　　　图 4.38　三坐标测量机

4.2.5　数控铣削加工中的装刀与对刀技术

(1)对刀点的选择

机床返回参考点后,控制系统与机床同步,并建立了机床坐标系。接下来就要安装工件,工件在工作台上的安装位置是任意的,因此,在工件正确安装后都要进行对刀操作。对刀的目的就是寻找工件在机床坐标系中的位置,工件在机床坐标系中的位置又是通过上某一特定点在机床坐标系中的位置来反映,这个特定的点称为对刀点。对刀点一般选择在工件比较特殊的位置,对于长方体零件可选在工件表面的中心位置或工件的拐角处,对于圆柱体零件通常设在轮廓的中心处,如果工件上有孔还可将对刀点设在孔的中心位置处。对刀点选择的一般原则:首先,要有利于保证零件的加工精度,由此而引起的加工误差要小;其次,要容易对刀;最后,还要方便计算和有利于编程。为了防止出错、保证加工精度以及对刀方便,一般情况下都将对刀点与编程原点设置成重合。

(2)常用对刀仪及对刀方法

对刀就是通过刀具与工件的接触来确定工件在机床中的位置,以便加工工件。常用的对刀方法有试切法、杠杆百分表对刀、定心锥轴对刀及寻边器对刀等。试切法对刀精度较低,当零件加工精度要求较高时,可选择精度较高的量具进行找正对刀,加工中常用寻边器和 Z 向设定器对刀。

1)试切法对刀

对于毛坯是经粗加工或是铸件、锻件等表面比较粗糙的工件加工时,一般采用试切法对刀,如图 4.39 所示。试切法对刀是用刀具直接接触工件,直接通过目测发现有切屑时,说明刀具正处于工件的边缘。

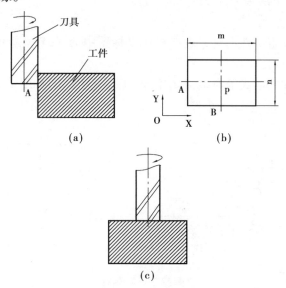

图 4.39　试切法对刀

(a)X,Y 轴对刀　(b)工作俯视图　(c)Z 轴对刀

2)杠杆百分表对刀

零件加工精度要求比较高时,可采用杠杆百分表(或千分表)对刀法。杠杆百分表对刀主要用于 X,Y 向对刀。如图 4.40 所示为利用杠杆百分表通过工件上的孔进行对刀。这种对刀方法的缺点是操作比较麻烦,效率较低,对被测孔或外圆周的精度要求较高,最好是经过精加工的孔或外圆。其主要优点是对刀精度高。

对于正方体、长方体等比较规则的几何体零件,也可采用杠杆百分表(或千分表)法对刀,如图 4.41 所示。

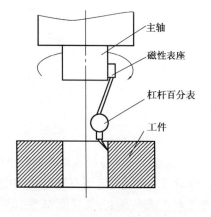

图 4.40　杠杆百分表对刀法一

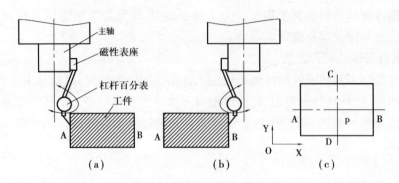

图 4.41 杠杆百分表对刀法二

3)寻边器和 Z 向设定器对刀

①以毛坯孔或外形的对称中心为对刀位置点

A. 用寻边器对刀

寻边器主要用于确定工件上对刀点在机床坐标系中的 X,Y 坐标值,还可以测量工件的简单尺寸,如图 4.42 所示。

寻边器有偏心式和光电式等类型,其中以光电式较为常用,如图 4.43 所示。

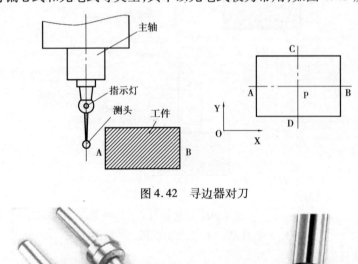

图 4.42 寻边器对刀

图 4.43 常用寻边器

B. 刀具 Z 向对刀

Z 轴设定器(见图 4.44)主要用于确定工件对刀点在机床坐标系中的 Z 轴坐标值,即用于 Z 向对刀。Z 轴设定器有光电式和指针式等类型。Z 轴设定器带有磁性表座,可牢固地附着在工件上或夹具上,其高度 M 为标准值,一般为 50 mm 或 100 mm,如图 4.45 所示。

②以工件相互垂直的基准边线的交点为对刀点

图 4.44　Z 轴设定器

图 4.45　Z 轴设定器对刀

如图 4.46 所示,使用寻边器或直接用刀具对刀。

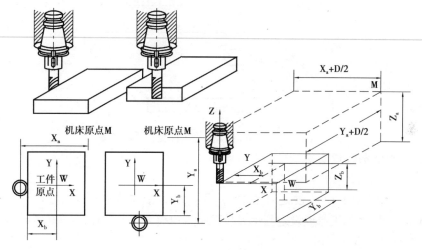

图 4.46　对刀操作时的坐标位置关系

4.3　数控铣床编程方法(FANUC 0i 系统)

4.3.1　数控铣床坐标系设定

本节以 FANUC Series 0i Mate 系统为例讲解数控铣床机床坐标系的设定。

(1)机床坐标系

机床坐标系 X,Y,Z 是生产厂家在机床上设定的坐标系,其原点是机床上的固定点,作为数控机床运动部件的运动参考点。

(2)工件坐标系

设定工件坐标系的目的是为了方便编程。设置工件坐标系原点的原则是尽可能选择在工件的设计基准或工艺基准上,工件坐标系的坐标轴方向与机床坐标系的坐标轴方向保持一致。编程时,刀具轨迹相对于工件坐标系原点运动。工件坐标系的原点称为编程原点。

(3)加工坐标系

确定以加工原点为基准所建立的坐标系称为加工坐标系。加工原点也称程序原点,是指零件被装夹好后,相应的编程原点在机床坐标系中的位置。加工时,程序控制刀具相对于加工原点而运动。

设置加工坐标系的目的是将编程原点转换为加工原点,并确定加工原点的位置,在数控系统中给予设定。如图4.47所示为机床坐标系与工件坐标系的关系。

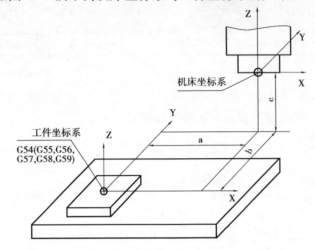

图4.47 机床坐标系与工件坐标系的关系

(4)加工坐标系设置指令G92

编程格式:G92 X_ Y _ Z_

G92指令是将加工原点设定在相对于刀具起始点的某一空间点上。若程序格式为G92 X a Y b Z c则将加工原点设定到距刀具起始点距离为 X = −a,Y = −b,Z = −c 的位置上。

例如:G92 X20 Y10 Z10

其确立的加工原点在距离刀具起始点 X = −20,Y = −10,Z = −10 的位置上,如图4.48所示。执行此程序段只建立工件坐标系,刀具并不产生运动。

G92指令为非模态指令,一般放在一个零件程序的第一段。

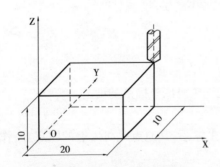

图4.48 G92设置加工坐标系

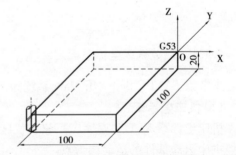

图4.49 G53选择机床坐标系

(5)选择机床坐标系G53

编程格式:G53 G90 X_ Y_ Z_ ;

G53指令使刀具快速定位到机床坐标系中的指定位置上,式中X,Y,Z后的值为机床坐标系中的坐标值,其尺寸均为负值。

例如:G53 G90 X −100 Y −100 Z −20

则执行后刀具在机床坐标系中的位置如图4.49所示。

(6)1~6 号加工坐标系选择 G54—G59

这些指令可以分别用来选择相应的加工坐标系。

编程格式:G54 G90 G00（G01）X_ Y_ Z_（F_）;

该指令执行后,所有坐标值指定的坐标尺寸都是选定的工件加工坐标系中的位置。1~6 号工件加工坐标系是通过 CRT/MDI 方式设置的。

例如:在图 4.50 中,用 CRT/MDI 在参数设置方式下设置了两个加工坐标系:

G54:X −50　Y −50　Z −10

G55:X −100　Y −100　Z −20

这时,建立了原点在 O' 的 G54 加工坐标系和原点在 O" 的 G55 加工坐标系。若执行下述程序段:

N10　G53　G90　X0　Y0　Z0

N20　G54　G90　G01　X50　Y0　Z0　F100

N30　G55　G90　G01　X100　Y0　Z0　F100

则刀尖点的运动轨迹如图 4.50 所示的 OAB。

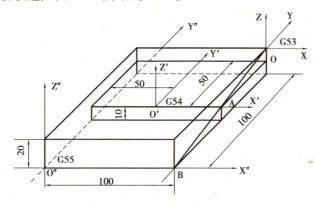

图 4.50　设置加工坐标系

(7)注意事项

1)G92 与 G54—G59 的区别

G92 指令与 G54—G59 指令都是用于设定工件加工坐标系的,但在使用中是有区别的。G92 指令是通过程序来设定、选用加工坐标系的,它所设定的加工坐标系原点与当前刀具所在的位置有关,这一加工原点在机床坐标系中的位置是随当前刀具位置的不同而改变的。

2)G54—G59 的修改

G54—G59 指令是通过 MDI 在设置参数方式下设定工件加工坐标系的,一旦设定,加工原点在机床坐标系中的位置是不变的,它与刀具的当前位置无关,除非再通过 MDI 方式修改。

3)常见错误

当执行程序段"G92 X10 Y10"时,常会认为是刀具在运行程序后到达 X10 Y10 点上。其实, G92 指令程序段只是设定加工坐标系,并不产生任何动作,这时刀具已在加工坐标系中的 X10,Y10 点上。

G54—G59 指令程序段可与 G00,G01 指令组合,如 G54 G90 G01 X10 Y10 时,运动部件在选定的加工坐标系中进行移动。程序段运行后,无论刀具当前点在哪里,它都会移动到加工坐标系中的 X10,Y10 点上。

4.3.2 数控铣床程序中常用编程指令

(1)G 功能指令

准备功能字的地址符是 G,又称为 G 功能或 G 指令,是用于建立机床或控制系统工作方式的一种指令。后续数字一般为 1~3 位正整数,数控铣床和加工中心中常用 G 功能指令代码如表 4.5 所示。

表 4.5　数铣常用 G 代码

G 功能字	组	意　义	G 功能字	组	意　义
★G00		快速移动点定位	G51.1	22	镜像开
G01		直线插补	G52	00	局部坐标系设定
G02	01	顺时针圆弧插补	G53		机床坐标系编程
G03		逆时针圆弧插补	★G54 ~ G59	14	加工坐标系设定 1~6
G04	00	暂停	G68	16	坐标旋转
G15	17	极坐标指令取消	G69		取消坐标旋转
G16		极坐标指令	G73		高速深孔钻固定循环
★G17		XY 平面选择	G74		深孔钻循环
G18	02	ZX 平面选择	G76		精镗固定循环
G19		YZ 平面选择	★G80		撤销固定循环
G20	08	英制输入	G81		定点钻孔循环
★G21		米制输入	G82	09	钻孔循环镗阶梯孔
G28	00	自动返回参考点	G83		深孔钻固定循环
G29		参考点返回	G84		攻右旋螺纹固定循环
★G40		刀具补偿注销	G85		镗削固定循环
G41	07	刀具补偿——左	G87		反镗削固定循环
G42		刀具补偿——右	G88		镗削固定循环
G43		刀具长度补偿——正	★G90	03	绝对值编程
G44	08	刀具长度补偿——负	G91		增量值编程
★G49		刀具长度补偿注销	G92	00	螺纹切削循环
★G50	11	缩放关	★G98	10	返回起始平面
G51		缩放开	G99		返回 R 平面
G50.1	22	镜像关			

注:1.★号表示 G 代码为数控系统通电后的初始状态。

　　2.00 组的 G 代码为非模态指令,其他 G 代码均为模态指令。

(2)M功能指令

辅助功能字的地址符是M,后续数字一般为1~3位正整数,又称为M功能或M指令,用于指定数控机床辅助装置的开关动作,如表4.6所示。

表4.6 M功能字含义表

代 码	模 态	功能说明	代 码	模 态	功能说明
M00	非模态	程序停止	M03	模态	主轴正转启动
M02	非模态	程序结束	M04	模态	主轴反转启动
M30	非模态	程序结束并返回程序起点	M05	模态	主轴停止转动
			M06	非模态	换刀
M98	非模态	调用子程序	M07	模态	切削液打开
M99	非模态	子程序结束	M09	模态	切削液停止

(3)F,S,T功能指令

1)进给功能字F

编程格式:F_;

F指令表示工件被加工时刀具相对于工件的合成进给速度。F的单位取决于G94(每分钟进给量mm/min)或G95(每转进给量mm/r)。

注意:实际进给速度还受机床操作面板上进给速度修调倍率的控制。

2)主轴转速功能字S

编程格式:S_;

主轴功能S控制主轴转速,其后的数值表示主轴速度单位为转/每分钟(r/min)。S是模态指令,S功能只有在主轴速度可调节时有效。

3)刀具功能字T

编程格式:T_;

T指令同时调入刀补寄存器中的刀补值(刀补长度和刀补半径),T指令为非模态指令,但被调用的刀补值一直有效,直到再次换刀调入新的刀补值。

(4)G90和G91

编程格式:G90_;

　　　　　 G91_;

说明:

①G90绝对值编程,每个编程坐标轴上的编程值是相对于程序原点的。

②G91相对值编程,每个编程坐标轴上的编程值是相对于前一位置而言的,该值等于沿轴移动的距离。

③G90,G91为模态功能,可相互注销,G90为缺省值。

(5)G17,G18,G19——插补平面选择指令

编程格式:G17;

　　　　　 G18;

　　　　　 G19;

说明：

①G17 选择 XY 平面；G18 选择 ZX 平面；G19 选择 YZ 平面。

②该组指令选择进行圆弧插补和刀具半径补偿的平面。

③G17,G18,G19 为模态功能,可相互注销,G17 为缺省值。

④注意:移动指令与平面选择无关。

例如指令:G17 G01 Z10 时,Z 轴照样会移动。

(6) G04——暂停指令

编程格式:G04 P_;

说明:

①P 暂停时间,单位为 ms。

②G04 为非模态指令,仅在其被规定的程序段中有效。

例如:欲暂停 2.5 s 时,程序段为

    G04 P2500;

(7) G20/G21——英制、米制指令

编程格式:G20;

         G21;

说明:

①G20 英制输入制;G21 公制输入制。

②G20,G21 是模态指令,可相互注销,G21 为缺省值。

(8) G28——自动返回参考点指令

编程格式:G28 X_ Y_ Z_;

说明:

①X,Y,Z 为回参考点时经过的中间点(非参考点),在 G90 时为中间点在工件坐标系中的坐标,在 G91 时为中间点相对于起点的位移量。

②G28 指令首先使所有的编程轴都快速定位到中间点,然后再从中间点返回到参考点。

③刀具返回参考点时避免与工件或夹具发生干涉。

④通常 G28 指令用于返回参考点后自动换刀,执行该指令前必须取消刀具半径补偿和长度补偿。

⑤G28 指令仅在其被规定的程序段中有效。

G28 指令中参考点的含义:如果没有设定换刀点,那么参考点指的是回零点,即刀具返回至机床的极限位置;如果设定了换刀点,那么参考点指的是换刀点,通过返回参考点能消除刀具在运动过程中的插补累积误差。指令中设置中间点的意义是设定刀具返回参考点的走刀路线。

如"G91 G28 X0 Z0;",表示刀具先从 Y 轴的方向回至 Y 轴的参考点位置,然后从 X 轴的方向返回至 X 轴的参考点位置,最后从 Z 轴的方向返回至 Z 轴的参考点位置。

(9) G29——从参考点移动至目标点指令

编程格式:G29 X_ Y_ Z_;

说明:

①X,Y,Z 返回的定位终点,在 G90 时为定位终点在工件坐标系中的坐标;在 G91 时为定

位终点相对于 G28 中间点的位移量。

②G29 可使所有编程轴以快速进给经过由 G28 指令定义的中间点,然后再到达指定点,通常该指令紧跟在 G28 指令之后。如果在 G29 指令前,没有用 G28 指令设定中间点,执行 G29 指令时,则以工件坐标系零点作为中间点。

③G29 指令仅在其被规定的程序段中有效。

例如:用 G28,G29 对如图 4.51 所示的路径编程。要求由 A 经过中间点 B,并返回参考点,然后从参考点经由中间点 B 返回到点 C,并在 C 点换刀。

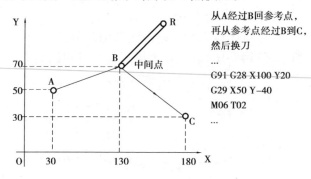

从 A 经过 B 回参考点,
再从参考点经过 B 到 C,
然后换刀
...
G91 G28 X100 Y20
G29 X50 Y–40
M06 T02
...

图 4.51　G28/G29 编程

(10) G00——快速定位

编程格式:G00 X_ Y_ Z_;

说明:

①X,Y,Z 快速定位终点,在 G90 时为终点在工件坐标系中的坐标,在 G91 时为终点相对于起点的位移量。

②G00 指令刀具相对于工件以各轴预先设定的速度从当前位置快速移动到程序段指令的定位目标点。G00 指令中的快移速度由机床参数快移进给速度对各轴分别设定,不能 F 规定。

③G00 一般用于加工前快速定位或加工后快速退刀。

④快移速度可由面板上的快速修调旋钮修正。

⑤G00 为模态功能,可由 G01,G02,G03 等注销。

注意:在执行 G00 指令时由于各轴以各自速度移动,不能保证各轴同时到达终点,因而联动直线轴的合成轨迹不一定是直线,操作者必须格外小心,以免刀具与工件发生碰撞。常见的做法是将 Z 轴移动到安全高度,再执行 G00 指令。

例如:如图 4.52 所示,使用 G00 编程,要求刀具从 A 点快速定位到 B 点。

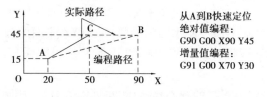

从 A 到 B 快速定位
绝对值编程:
G90 G00 X90 Y45
增量值编程:
G91 G00 X70 Y30

图 4.52　G00 编程

当 X 轴和 Y 轴的快进速度相同时从 A 点到 B 点的快速定位路线为 A→C→B,即以折线的方式到达 B 点,而不是以直线方式从 A→B。

(11) G01——直线插补

编程格式:G01 X_ Y_ Z_ F_;

说明:

①X,Y,Z 为进给终点,在 G90 时为终点在工件坐标系中的坐标;在 G91 时为终点相对于起点的位移量。

②F_合成进给速度,单位为 mm/min,为模态指令。

③G01 指令刀具以联动的方式按 F 规定的合成进给速度,从当前位置按线性路线(联动直线轴的合成轨迹为直线)移动到程序段指令的终点。

④G01 是模态代码,可由 G00,G02,G03 或 G33 功能注销。

例如:如图 4.53 所示,使用 G01 编程,要求从 A 点线性进给到 B 点(此时的进给路线是从 A→B 的直线)。

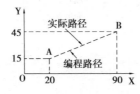

从A到B线性进给
绝对值编程:
G90 G01 X90 Y45 F150
增量值编程:
G91 G01 X70 Y30 F150

图 4.53　G01 编程

(12) G02/G03

编程格式:G17$\left\{\begin{matrix}G02\\G03\end{matrix}\right\}$X_ Y_$\left\{\begin{matrix}I\_ J\_\\R\_\end{matrix}\right\}$F_;

G18$\left\{\begin{matrix}G02\\G03\end{matrix}\right\}$X_ Z_$\left\{\begin{matrix}I\_ K\_\\R\_\end{matrix}\right\}$F_;

G19$\left\{\begin{matrix}G02\\G03\end{matrix}\right\}$Y_ Z_$\left\{\begin{matrix}J\_ K\_\\R\_\end{matrix}\right\}$F_;

说明:

①G02 顺时针圆弧插补;G03 逆时针圆弧插补,如图 4.54 所示。

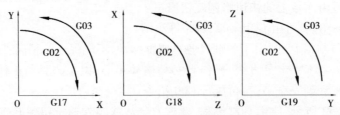

图 4.54　不同平面的 G02 与 G03 选择

②G17:XY 平面的圆弧;G18:ZX 平面的圆弧;G19:YZ 平面的圆弧。

③X,Y,Z 的值是指圆弧插补的终点坐标值;I,J,K 是指圆弧起点到圆心的增量坐标,与 G90,G91 无关,如图 4.55 所示。

④R 为指定圆弧半径,当圆弧的圆心角≤180°时,R 值为正;当圆弧的圆心角 >180°时,R 值为负。

⑤F 为进给速度,单位为 mm/min。

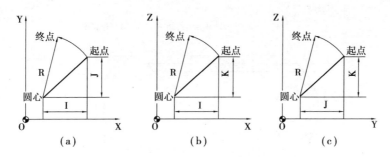

图 4.55　I,J,K 的选择

(a)XY 平面圆弧　(b)ZX 平面圆弧　(c)YZ 平面圆弧

注意：

a.顺时针或逆时针是从垂直于圆弧所在平面的坐标轴的正方向看到的回转方向性。

b.整圆编程时,不可使用 R 只能用 I,J,K。

c.同时编入 R 与 I,J,K 时,R 有效。

例如:使用 G02 对如图 4.56 所示的劣弧 a 和优弧 b 编程。

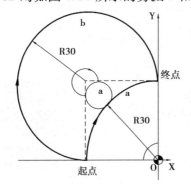

圆弧编程的4种方法组合

圆弧a:

G91 G02 X30 Y30 R30 F300

G91 G02 X30 Y30 I30 J0 F300

G90 G02 X0 Y30 R30 F300

G90 G02 X0 Y30 I30 J0 F300

圆弧b:

G91 G02 X30 Y30 R−30 F300

G91 G02 X30 Y30 I0 J30 F300

G90 G02 X0 Y30 R−30 F300

G90 G02 X0 Y30 I0 J30 F300

图 4.56　圆弧编程

例如:使用 G02/G03 对如图 4.57 所示的整圆编程。

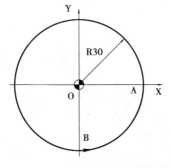

从A点顺时针一周时

G90 G02 X30 Y0 I−30 J0 F300

G91 G02 X0 Y0 I−30 J0 F300

从B点逆时针一周时

G90 G03 X0 Y−30 I0 J30 F300

G91 G03 X0 Y0 I0 J30 F300

图 4.57　整圆编程

(13)G40,G41,G42——刀具半径补偿指令

在零件轮廓铣削加工时,由于刀具半径尺寸影响,刀具的中心轨迹与零件轮廓往往不一致。为了避免计算刀具中心轨迹,直接按零件图样上的轮廓尺寸编程,数控系统提供了刀具半径补偿功能,如图 4.58 所示。

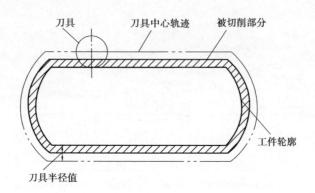

图 4.58　刀具半径补偿

编程格式：G17G18/G19$\begin{Bmatrix}G00\\G01\end{Bmatrix}\begin{Bmatrix}G41\\G42\end{Bmatrix}$X_ Y_ Z_ D_ ；

$\begin{Bmatrix}G00\\G01\end{Bmatrix}$G40X_ Y_ Z_ ；

说明：

①G41 左刀补（在刀具前进方向左侧补偿），如图 4.59 所示。

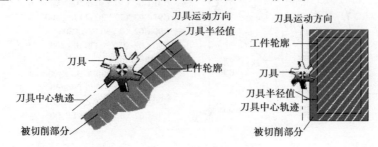

图 4.59　左偏刀具半径补偿

②G42 右刀补（在刀具前进方向右侧补偿），如图 4.60 所示。

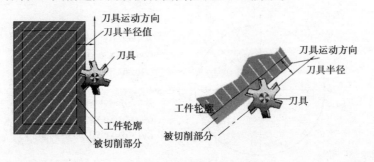

图 4.60　右偏刀具半径补偿

③G17 刀具半径补偿平面为 XY 平面；G18 刀具半径补偿平面为 ZX 平面；G19 刀具半径补偿平面为 YZ 平面。

④G40 取消刀具半径补偿。

⑤X，Y，Z：G00/G01 的参数，即刀补建立或取消的终点（注投影到补偿平面上的刀具轨迹受到补偿）。

⑥D：G41/G42 的参数，即刀补号码(D00—D99)，它代表了刀补表中对应的半径补偿值。如果用 D00 则取消刀具半径补偿。

⑦G40，G41，G42 都是模态代码，可相互注销。

⑧注意：

a.刀具半径补偿平面的切换必须在补偿取消方式下进行。

b.刀具半径补偿的建立与取消只能用 G00 或 G01 指令，不得是 G02 或 G03。

c.刀具半径补偿建立时，一般是直线且为空行程，以防过切。撤销时同样要防止过切。

d.建立补偿的程序段，一般应在切入工件之前完成；撤销补偿的程序段，一般应在切出工件之后完成。

⑨刀具半径补偿的其他应用。

应用刀具半径补偿指令加工时，刀具的中心始终与工件轮廓相距一个刀具半径距离。当刀具磨损或刀具重磨后，刀具半径变小，只需在刀具补偿值中输入改变后的刀具半径，而不必修改程序。在采用同一把半径为 R 的刀具，并用同一个程序进行粗、精加工时，设精加工余量为 Δ，则粗加工时设置的刀具半径补偿量为 $R + \Delta$，精加工时设置的刀具半径补偿量为 R，就能在粗加工后留下精加工余量 Δ，然后，在精加工时完成切削。运动情况如图 4.61 所示。

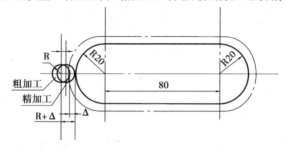

图 4.61　刀具半径补偿的应用实例

例如：考虑刀具半径补偿，编制如图 4.62 所示零件的加工程序。要求建立如图 4.62 所示的工件坐标系，按箭头所指示的路径进行加工，设加工开始时刀具距离工件上表面 50 mm，切削深度为 10 mm。

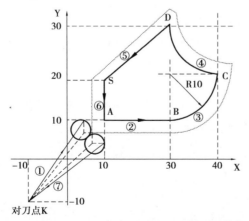

```
%1008
G92 X-10 Y-10 Z50
M03 S900
G90 G17
G42 G00 X4 Y10 D01
Z2
G01 Z-10 F 150
X30
G03 X40 Y20 I0 J10
G02 X30 Y30 I0 J10
G01 X10 Y20
Y5
G00 Z50
G40 X-10 Y-10
M30
```

图 4.62　刀具半径补偿编程

(14)G43,G44,G49——刀具长度补偿指令

使用刀具长度补偿指令,在编程时就不必考虑刀具的实际长度及各把刀具不同的长度尺寸。加工时,用 MDI 方式输入刀具的长度尺寸,即可正确加工。当由于刀具磨损、更换刀具等原因引起刀具长度尺寸变化时,只要修正刀具长度补偿量,而不必调整程序或刀具。

编程格式:G17/G18/G19$\begin{Bmatrix} G00 \\ G01 \end{Bmatrix}\begin{Bmatrix} G43 \\ G44 \end{Bmatrix}$X_ Y_ Z_ H_;

$\qquad\qquad\quad\begin{Bmatrix} G00 \\ G01 \end{Bmatrix}$G49X_ Y_ Z_;

说明:

①G17 刀具长度补偿轴为 Z 轴;G18 刀具长度补偿轴为 Y 轴;G19 刀具长度补偿轴为 X 轴。

②G43 正向偏置(补偿轴终点加上偏置值),按其结果进行 Z 轴正向运动,如图 4.63(a)所示。

③G44 负向偏置(补偿轴终点减去偏置值),按其结果进行 Z 轴负向运动,如图 4.63(b)所示。

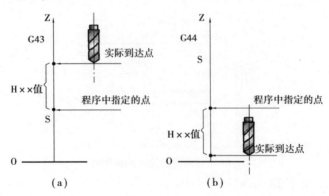

图 4.63　刀具长度补偿

④G49 取消刀具长度补偿。

⑤X,Y,Z:G00/G01 的参数,即刀补建立或取消的终点。

⑥H:G43/G44 的参数,即刀具长度补偿偏置号(H00—H99),它代表了刀补表中对应的长度补偿值。如果用 H00,则取消刀具长度补偿。

⑦G43,G44,G49 都是模态代码,可相互注销。

例如:考虑刀具长度补偿,编制如图 4.64 所示零件的加工程序。要求建立如图 4.64 所示的工件坐标系,按箭头所指示的路径进行加工。

O1050

G92 X0 Y0 Z0

G91 G00 X120 Y80

M03 S600

G43 Z-32 H01

G01 Z-21 F100

G04 P2000

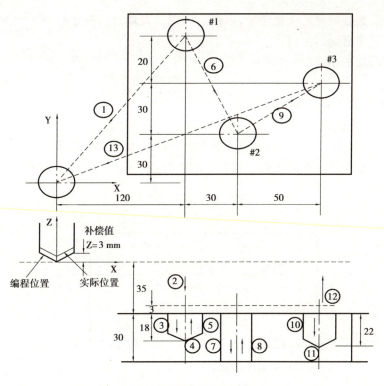

图 4.64　刀具长度补偿编程

G00 Z21

X30 Y－50

G01 Z－41

G00 Z41

X50 Y30

G01 Z－25

G04 P2000

G00 G49 Z57

X－200 Y－60

M30

(15)子程序——M98,M99

编程时,为了简化程序的编制,当一个工件上有相同的加工内容时,常用调子程序的方法进行编程。调用子程序的程序称为主程序。子程序的编号与一般程序基本相同,只是程序结束字为 M99 表示子程序结束,并返回到调用子程序的主程序中。

M98——用来调用子程序。

M99——表示子程序结束,执行 M99 使控制返回到主程序。

1)子程序的格式

%＊＊＊＊

……

M99

在子程序开头必须规定子程序号,以作为调用入口地址。在子程序的结尾用 M99,以控制执行完该子程序后返回主程序。

2)调用子程序的格式

M98 P_ L_

P——被调用的子程序号,

L——重复调用次数。

例如:如图 4.65 所示,在一块平板上加工 6 个边长为 10 mm 的等边三角形,每边的槽深为 –2 mm,工件上表面为 Z 向零点。其程序的编制就可采用调用子程序的方式来实现(编程时不考虑刀具补偿)。

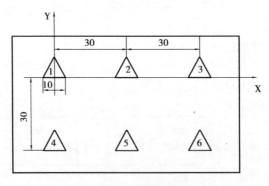

图 4.65　零件图样

主程序:

O10	
N10 G54 G90 G01 Z40	进入工件加工坐标系
N20 M03 S800	主轴启动
N30 G00 Z3	快进到工件表面上方
N40 G01 X 0 Y8.66 F200	到 1 三角形上顶点
N50 M98 P20	调 20 号切削子程序切削三角形
N60 G90 G01 X30 Y8.66	到 2 三角形上顶点
N70 M98 P20	调 20 号切削子程序切削三角形
N80 G90 G01 X60 Y8.66	到 3 三角形上顶点
N90 M98 P20	调 20 号切削子程序切削三角形
N100 G90 G01 X0 Y –21.34	到 4 三角形上顶点
N110 M98 P20	调 20 号切削子程序切削三角形
N120 G90 G01 X30 Y –21.34	到 5 三角形上顶点
N130 M98 P20	调 20 号切削子程序切削三角形
N140 G90 G01 X60 Y –21.34	到 6 三角形上顶点
N150 M98 P20	调 20 号切削子程序切削三角形
N160 G90 G01 Z40 F200	抬刀
N170 M05	主轴停
N180 M30	程序结束

子程序：

O20

N10 G91 G01 Z−2 F100　　　　　　在三角形上顶点切入（深）2 mm

N20 G01 X−5 Y−8.66　　　　　　　切削三角形

N30 G01 X10 Y0　　　　　　　　　切削三角形

N40 G01 X5 Y8.66　　　　　　　　切削三角形

N50 G01 Z5 F200　　　　　　　　　抬刀

N60 M99　　　　　　　　　　　　　子程序结束

（16）G50/G51——缩放指令（HNC-21M）

使用缩放指令可实现用同一个程序加工出形状相同，但尺寸不同的零件。

编程格式：G51 X＿Y＿Z＿P＿；

　　　　　M98 P＿；

　　　　　G50；

说明：

①G51 建立缩放；G50 取消缩放。

②X,Y,Z 为缩放中心的坐标值。

③第一个 P 后为缩放倍数。

④G51 既可指定平面缩放，也可指定空间缩放。

⑤在 G51 后运动指令的坐标值以（X,Y,Z）为缩放中心，按 P 规定的缩放比例进行计算。

⑥在有刀具补偿的情况下，先进行缩放，然后才进行刀具半径补偿、刀具长度补偿。

⑦G51,G50 为模态指令，可相互注销，G50 为缺省值。

例如：使用缩放功能编制如图 4.66 所示轮廓的加工程序。已知三角形 ABC 的顶点为 A(10,30)，B(90,30)，C(50,110)，三角形 A′B′C′是缩放后的图形，其中缩放中心为 D(50,56.67)，缩放系数为 0.5 倍。

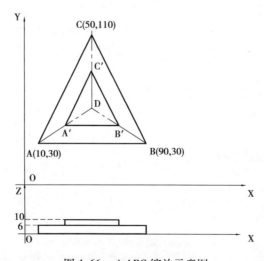

图 4.66　△ABC 缩放示意图

O0051　　　　　　　　　　　　　　主程序

N10 G21 G17 G90 G40 G49 G54

```
N20 M03 S600
N30 G00 X0 Y0 Z15
N40 G01 Z10 F100
N50 M98 P100  L5                     加工三角形 ABC
N60 G01 Z10
N70 G51 X50 Y56.67 P0.5              缩放中心 D(50,56.67),缩放系数 0.5
N80 M98 P100 L2                      加工三角形 A′B′C′
N90 G50                              取消缩放
N100 G00 Z50
N110 M30
O100                                 子程序(三角形 ABC 的加工程序)
N10 G91 G01 Z-2 F100
N20 G90 G42 G01 X0 Y30 D01
N30 G90 G01 X90
N40 X50 Y110
N50 X10 Y30
N60 G40 X0 Y0
N70 M99
```

(17) G50.1/G51.1——镜像指令

编程格式:G51.1 X_ Y_ Z_;

　　　　　M98 P_;

　　　　　G50.1 X_ Y_ Z_;

说明:

①G51.1 建立镜像;G50.1 取消镜像。

②X,Y,Z 为镜像位置。

③应用:当工件相对于某一轴具有对称形状时,可利用镜像功能和子程序,只对工件的一部分进行编程,而能加工出工件的对称部分,这就是镜像功能。当某一轴的镜像有效时,该轴执行与编程方向相反的运动。

④G50.1,G51.1 为模态指令,可相互注销,G50.1 为缺省值。

例如:使用镜像功能编制如图 4.67 所示轮廓的加工程序,切削深度为 3 mm。

```
O0024                                主程序
G54 G21 G17 G49 G40 G90
M03 S600
G00 X0 Y0 Z5
G01 Z0 F100
M98 P100                             加工①
G51.1 X0                             Y 轴镜像,镜像位置为 X=0
M98 P100                             加工②
G51.1 Y0                             X,Y 轴镜像,镜像位置为(0,0)
```

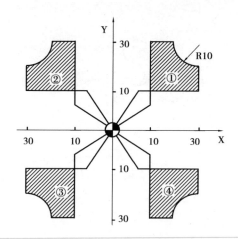

图 4.67　镜像功能

M98 P100	加工③
G50.1 X0	X 轴镜像继续有效,取消 Y 轴镜像
M98 P100	加工④
G50.1 Y0	取消镜像
M30	
O100	子程序(①的加工程序)

N100 G41 G91 G01 X10 Y4 D01

N120 G01Z－3 F100

N130 Y26

N140 X10

N150 G03 X10 Y－10 I10 J0

N160 G01 Y－10

N170 X－25

N180 Z3

N190 G40 X－5 Y－10

N200 M99

(18)G68/G69——**旋转变换指令**

编程格式:G68 X_ Y_ Z_ R_;

M98 P_;

G69;

说明:

①G68 建立旋转;G69 取消旋转。

②X,Y,Z 旋转中心的坐标值。

③R 旋转角度,单位是度,0°≤R≤360°。

④G68,G69 为模态指令,可相互注销,G69 为缺省值。

例如:使用旋转功能编制如图 4.68 所示轮廓的加工程序,切削深度 3 mm。

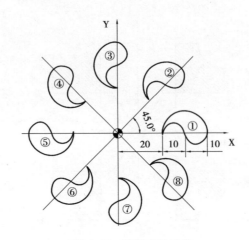

图 4.68　旋转变换功能

O0068	主程序

N10 G54 G17 G90 G21 G40 G49

N20 M03 S600

N30 G00 X0 Y0

N40 Z2

N50 G01 Z-3 F50

N60 M98 P200	加工①
N70 G68 X0 Y0 R45	旋转 45°
N80 M98 P200	加工②
N90 G68 X0 Y0 R90	旋转 90°
N100 M98 P200	加工③
N110 G68 X0 Y0 R135	旋转 135°
N120 M98 P200	加工④
N130 G68 X0 Y0 R180	旋转 180°
N140 M98 P200	加工⑤
N150 G68 X0 Y0 R225	旋转 225°
N160 M98 P200	加工⑥
N170 G68 X0 Y0 R270	旋转 270°
N180 M98 P200	加工⑦
N190 G68 X0 Y0 R360	旋转 315°
N200 M98 P200	加工⑧

N210 G00 Z50

N220 G69	取消旋转

N230 M30

O200	子程序（①的加工程序）

N100 G41 G01 X20 Y-5 D01 F150

N110 Y0

N120 G02 X40 I10 J0

N130 G02 X30 I－5 J0

N140 G03 X20 I－5 J0

N150 G00 Y－6

N160 G40 X0 Y0

N170 M99

(19)孔加工

1）孔加工方法

孔的加工方法如表4.7所示。

表4.7 孔的加工方法

序号	加工方法	经济精度（公差等级表示）	经济粗糙度 $R_a/\mu m$	适用范围
1	钻	IT11—IT13	12.5	加工未淬火钢及铸铁的实心毛坯，也可用于加工有色金属。孔径小于 15～20 mm
2	钻—铰	IT8—IT10	1.6～6.3	
3	钻—粗铰—精铰	IT7—IT8	0.8～1.6	
4	钻—扩	IT10—IT11	6.3～12.5	加工未淬火钢及铸铁的实心毛坯，也可用于加工有色金属。孔径大于 15～20 mm
5	钻—扩—铰	IT8—IT9	1.6～3.2	
6	钻—扩—粗铰—精铰	IT7	0.8～1.6	
7	钻—扩—机铰—手铰	IT6—IT7	0.2～0.4	
8	钻—扩—拉	IT7—IT9	0.1～1.6	大批大量生产（精度由拉刀的精度而定）
9	粗镗（或扩孔）	IT11—IT13	6.3～12.5	除淬火钢外各种材料，毛坯有铸出孔或锻出孔
10	粗镗（粗扩）—半精镗（精扩）	IT9—IT10	1.6～3.2	
11	粗镗（粗扩）—半精镗（精扩）—精镗（铰）	IT7—IT8	0.8～1.6	
12	粗镗（粗扩）—半精镗（精扩）—精镗—浮动镗刀精镗	IT6—IT7	0.4～0.8	
13	粗镗（扩）—半精镗—磨孔	IT7—IT8	0.2～0.8	主要用于淬火钢，也可用于未淬火钢，但不宜于加工有色金属
14	粗镗（扩）—半精镗—粗磨—精磨	IT6—IT7	0.1～0.2	
15	粗镗—半精镗—精镗—精细镗（金刚镗）	IT6—IT7	0.05～0.4	主要用于精度要求高的有色金属加工
16	钻—（扩）—粗铰—精铰—珩磨 钻—（扩）—拉—珩磨 粗镗—半精镗—精镗—珩磨	IT6—IT7	0.025～0.2	精度要求很高的孔
17	以研磨代替上述方法中的珩磨	IT5—IT6	0.006～0.1	

2)孔加工指令

数控加工中,某些加工动作循环已经典型化,如钻孔、镗孔的动作是孔位平面定位、快速引进、工作进给、快速退回等,这样一系列典型的加工动作已经预先编好程序存储在内存中,可用称为固定循环的一个 G 代码程序段调用,从而简化编程工作。

孔加工固定循环指令有 G73,G74,G76,G80—G89。通常由下述 6 个动作构成,如图 4.69 所示。

①动作 1:X,Y 轴定位。

②动作 2:定位到 R 点(定位方式取决于上次是 G00 还是 G01)。

③动作 3:孔加工。

④动作 4:在孔底的动作。

⑤动作 5:退回到 R 点(参考点)。

⑥动作 6:快速返回到初始点。

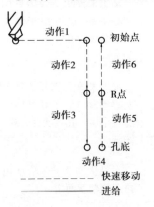

图 4.69　固定循环动作

在固定循环指令动作中,涉及以下 3 个平面:

①初始平面。初始平面是为安全操作而设定的定位刀具平面。初始平面到零件表面的距离可以任意设定。若使用同一把刀具加工若干个孔,当孔间存在障碍需要跳跃或全部孔加工完成时,用 G98 指令使刀具返回到初始平面;否则,在中间加工过程中,可用 G99 指令使刀具返回到 R 点平面,这样可缩短加工辅助时间。

②R 点平面。R 点平面又称 R 参考平面,这个平面表示刀具从快进转为工进的转折位置。R 点平面距工件表面的距离主要考虑工件加工表面形状的变化,一般可取 2~5 mm。

③孔底平面 Z。Z 表示孔底平面的位置,加工通孔时刀具伸出工件孔底表面一段距离,保证通孔全部加工到位,钻削盲孔时应考虑钻头钻尖对孔深的影响。

固定循环的编程序格式:$\begin{Bmatrix} G98 \\ G99 \end{Bmatrix}$ G_ X_ Y_ Z_ R_ Q_ P_ F_ K_;

说明:

①G98 返回初始平面;G99 返回 R 点平面。

②G_:固定循环代码 G73,G74,G76 和 G81—G89 之一。

③X,Y 加工起点到孔位的距离(G91)或孔位坐标(G90)。

④R:初始点到 R 点的距离(G91)或 R 点的坐标(G90)。

⑤Z:R 点到孔底的距离(G91)或孔底坐标(G90)。

⑥Q:每次钻孔进给深度(G73/G83)或刀具的让刀距离(G76/G87)。

⑦P:刀具在孔底的暂停时间,用整数表示,单位为 ms。

⑧F:切削进给速度。

⑨K:固定循环的次数。

⑩G73,G74,G76 和 G81—G89 都是模态指令,可由 G80,G00,G01,G02,G03 代码注销。

各种孔加工方式说明:

①G73 高速深孔加工循环

G73 用于 Z 轴的间歇进给,使深孔加工时容易排屑,减少退刀量,可进行高效率的加工。G73 指令动作循环如图 4.70 所示,图中 q 为每一次进给的加工深度(增量值为正值),d 为退刀距离,由数控系统内部设定。

②G74 反攻丝循环与 G84 攻丝循环

G74 攻反螺纹时主轴反转,到孔底时主轴正转,然后退回。G74 指令动作循环如图 4.71 所示。

G84 攻螺纹时从 R 点到 P 点主轴正转,在孔底暂停后,主轴反转,然后退回。G84 指令动作循环如图 4.72 所示。

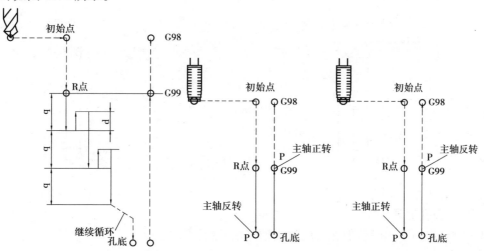

图 4.70　G73 指令动作图　　　图 4.71　G74 指令动作图　　图 4.72　G84 指令动作图

③G76 精镗循环

G76 精镗时,主轴在孔底定向停止后,向刀尖反方向移动,然后快速退刀,这种带有让刀的退刀不会划伤已加工平面,保证了镗孔精度。

G76 指令动作循环如图 4.73 所示。

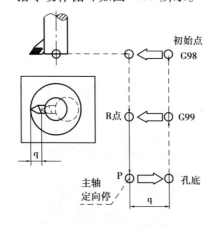

图 4.73　G73 指令动作图

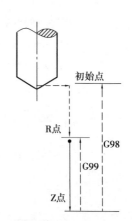

图 4.74　G81 指令动作图

④G81 钻孔循环(中心钻)与 G82 带停顿的钻孔循环

G81 钻孔动作循环包括 X,Y 坐标定位、快进、工进及快速返回等动作。该指令一般用于加工孔深小于 5 倍直径的孔。G81 指令动作循环如图 4.74 所示。

G82 指令除了要在孔底暂停外,其他动作与 G81 相同,暂停时间由地址 P 给出。G82 指令主要用于扩孔、沉头孔加工以及盲孔加工,以提高孔深精度。

⑤G85 精镗孔循环与 G89 精镗阶梯孔循环

如图 4.75、图 4.76 所示,刀具都是以切削进给的方式加工到孔底,然后又以切削进给方式返回 R 平面,因此,G85,G89 选用于精镗孔的加工。G89 指令在孔底增加了暂停,以提高阶梯孔台阶表面的加工质量。

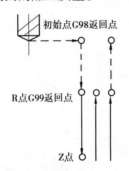

图 4.75 G85 指令动作图   图 4.76 G89 指令动作图

⑥G86 镗孔循环

G86 指令与 G81 相同,但在孔底时主轴停止,然后快速退回。

⑦G87 反镗循环

如图 4.77 所示,其动作过程如下:

a. 镗刀快速定位到镗孔加工循环起始点。

b. 主轴准停、刀具沿刀尖的反方向偏移。

c. 快速运动到孔底位置。

d. 刀尖正方向偏移回加工位置,主轴正转。

e. 刀具向上进给,到参考平面 R。

f. 主轴准停,刀具沿刀尖的反方向偏移 Q 值。

g. 镗刀快速退出到初始平面。

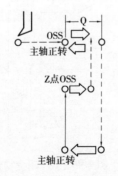

图 4.77 G87 指令动作图

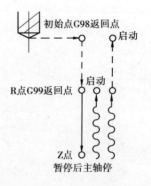

图 4.78 G88 指令动作图

h.沿刀尖正方向偏移。

⑧G88 镗孔循环

如图 4.78 所示,其动作过程如下:

a.在 X,Y 轴定位。

b.定位到 R 点。

c.在 Z 轴方向上加工至 Z 点(孔底)。

d.暂停后主轴停止。

e.转换为手动状态,手动将刀具从孔中退出。

f.返回到初始平面。

g.主轴正转。

⑨G80 取消固定循环

该指令能取消固定循环,同时 R 点和 Z 点也被取消。

⑩使用固定循环时应注意以下 5 点:

a.在固定循环指令前,应使用 M03 或 M04 指令使主轴回转。

b.在固定循环程序段中 X,Y,Z,R 数据应至少指令一个才能进行孔加工。

c.在使用控制主轴回转的固定循环(G74,G84,G86)中,如果连续加工一些孔间距比较小,或者初始平面到 R 点平面的距离比较短的孔时,会出现在进入孔的切削动作前时主轴还没有达到正常转速的情况。遇到这种情况时,应在各孔的加工动作之间插入 G04 指令,以获得时间。

d.当用 G00—G03 指令注销固定循环时,若 G00—G03 指令和固定循环出现在同一程序段,按后出现的指令运行。

e.在固定循环程序段中,如果指定了 M,则在最初定位时送出 M 信号,等待 M 信号完成,才能进行孔加工循环。

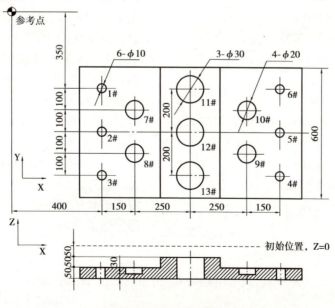

图 4.79　孔加工示意图

如图 4.79 所示,本工序的加工内容为:用 10 麻花钻头钻 1#—6#孔,设刀号为 11 ,刀长补号 H11;用 20 的键槽铣刀铣 7#—10#沉孔,设刀号为 15,刀长补号 H15;用 16—30 的镗刀镗 11#—13#孔,设刀号为 31,刀长补号 H31。

O0010;	
N10 G92 X0 Y0 Z0	在参考点设置工件坐标系
N20 G90 G00 Z50 T11 M00	换上 T11 刀具
N30 G43 Z0 H11	
N40 M03 S300	主轴启动
N50 G99 G81 X400 Y−350 Z−153	定位,钻 1#孔,并返回到 R 点位置
R−97 F120	
N60 Y−550	定位,钻 2#孔,并返回到 R 点位置
N70 G98 Y−750	定位,钻 3#孔,并返回到初始位置
N80 G99 X1200	定位,钻 4#孔,并返回到 R 点位置
N90 Y−550	定位,钻 5#孔,并返回到 R 点位置
N100 G98 Y−350	定位,钻 6#孔,并返回到初始位置
N110 G00 X0 Y0 M05	返回参考点,主轴停止
N120 G49 Z250 T15 M00	取消刀具长度补偿,换上 T15 刀具后启动
N130 G43 Z0 H15	初始位置,刀具长度补偿
N140 M03 S400	主轴启动
N150 G99 G82 X550 Y−450 Z−130	定位,钻 7#孔,并返回到 R 点位置
R−97 P300 F50	
N160 G98 Y−650	定位,钻 8#孔,并返回到初始位置
N170 G99 X105	定位,钻 9#孔,并返回到 R 点位置
N180 G98 Y−450	定位,钻 10#孔,并返回到初始位置
N190 G00 X0 Y0 M05	返回参考点,主轴停止
N200 G49 Z250 T31 M00	取消刀具长度补偿,换上 T31 刀具后启动
N210 G43 Z0 H31	初始位置,刀具长度补偿
N220 M03 S1500	主轴启动
N230 G85 G99 X800 Y−350 Z−153	定位,镗 11#孔,并返回到 R 点位置
R−47 F50	
N240 G91 Y−200 K2	镗 12#,13#孔,并返回到 R 点位置
N250 G28 X0 Y0 M05	返回参考点,主轴停止
N260 G80 G49 Z0	取消刀具长度补偿
N270 M30	程序结束

4.4 典型模具零件的数控铣削加工

如图 4.80 所示落料凹模,材料为 T10A,试完成其 4 个螺孔及凹模型腔的数控加工。

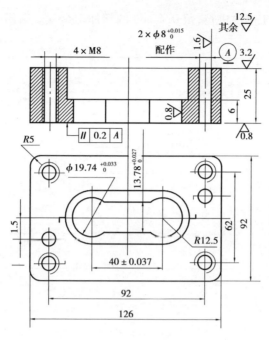

图4.80 落料凹模

4.4.1 零件的工艺分析

该凹模上对称分布的4个螺孔起联接作用;两个对称布置的销孔起定位作用。该零件的上表面以及由两个直径为ϕ19.74的圆弧与两段直线所组成的型腔精度要求较高。内轮廓面由平面、曲面组成,适合于数控铣床加工。其余各表面要求较低,销孔在装配时配作。最后,在磨床上对零件的上表面进行磨削精加工。

工件的中心是设计基准,下表面对上表面有平行度要求,加工定位时上表面为主要定位面,放于等高块上,找正后(通过拉表使坯料长边与机床X轴方向重合)用压板及螺栓压紧。装夹后对刀点选在上表面的中心,这样较容易确定刀具中心与工件的相对位置。

4.4.2 确定刀具及切削用量

(1)铣削凹模型腔
选ϕ12的整体硬质合金圆柱立铣刀。
粗加工时:$a_p = 3$ mm,$f = 0.15$ mm/每齿,$v_c = 40$ m/min
精加工时:$a_p = 6$ mm,$f = 0.1$ mm/每齿,$v_c = 70$ m/min
(2)加工M8的螺孔
中心钻:$f = 0.15$ mm/r,$n = 1\,200$ r/min
ϕ6.7钻头:$f = 0.17$ mm/r,$n = 600$ r/min
M8丝锥:$f = 1.25$ mm/r,$n = 200$ r/min

4.4.3 确定进给路线

由于立铣刀不能轴向进给,加工型腔凹槽前应用键槽铣刀在左侧圆弧中心铣一通孔。凹模型腔铣削分粗、精加工两次进行,留0.4 mm的精加工余量。采用逆时针环切法,进给路线如图4.81所示。

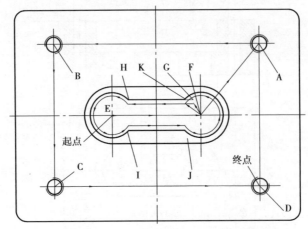

图4.81 进给路线、编程点坐标

4.4.4 数值计算

凹模型腔加工轮廓由直线和圆弧组成,出于编程的需要,计算直线与圆弧交点及圆弧中心的坐标。如图4.81所示,取工件上表面中心为坐标原点,各坐标计算如下:

A点坐标:	X = 46	Y = 31
B点坐标:	X = -46	Y = 31
C点坐标:	X = 46	Y = -31
D点坐标:	X = 46	Y = -31
E点坐标:	X = -20	Y = 0
F点坐标:	X = 20	Y = 0
G点坐标:	X = 15	Y = 6.89
H点坐标:	X = -12.93	Y = 6.89
I点坐标:	X = -12.93	Y = -6.89
J点坐标:	X = 12.93	Y = -6.89
K点坐标:	X = 12.93	Y = 6.89

4.4.5 编写加工程序

加工顺序的安排是凹模型腔、4个螺孔。凹模型腔分粗加工、精加工两个阶段完成。为保证4个螺孔与上表面的垂直度,先用中心钻打定位孔,再用钻头钻螺纹底孔φ6.7,最后经头锥、二锥完成加工。凹模型腔及4个螺孔的加工程序编写及说明如下:

O0321	程序名
N10 G54 G21 G17 G80 G40 G90	机床初始化
N20 G00 X-20 Y0 Z50	快速定位到起点E
N30 M03 S1000	定义主轴转速
N40 G00 Z2 M08	快速靠近工件表面,切削液开

N50 G01 Z−3 F150	进到吃刀深度 −3 mm
N60 X20	进给到 F 点
N70 G41 X15 Y6.89 D01	执行刀具半径补偿 D01 进入轮廓切削起点 G
N80 M98 P0002	调用子程序 O0002
N90 G01 Z−6	进到吃刀深度 −6 mm
N100 G41 X15 Y6.89 D01	执行刀具半径补偿 D01 再次进入轮廓切削起点 G
N110 M98 P0002	调用子程序 O0002
N120 G41 X15 Y6.89 D02 S1800	执行刀具半径补偿 D02 进入轮廓切削起点 G
N130 M98 P0002	调用子程序 O0002,进行轮廓精加工
N140 G00 Z100 M05	抬刀,主轴停止
N150 M00	程序暂停
N160 G43 G90 G00 Z50 H03 M03 S1200	换刀并执行刀具长度补偿进到工件坐标系
N170 G99 G81 X46 Y31 Z−30 R5 F100	钻孔固定循环
N180 M98 P0003	调用子程序 O0003
N190 G00 G49 Z100 M05	抬刀,主轴停止
N200 M00	程序暂停
N210 G43 G90 G00 Z50 H04 M03 S600	换刀并执行刀具长度补偿进到工件坐标系
N220 G99 G81 X46 Y31 Z−30 R5 F150	钻孔固定循环
N230 M98 P0003	调用子程序 O0003
N240 G00 G49 Z100 M05	抬刀,主轴停止
N250 M00	程序暂停
N260 G43 G90 G00 Z50 H05 M03 S200	换刀并执行刀具长度补偿进到工件坐标系
N270 G99 G84 X46 Y31 Z−30 R5 F1.25	攻螺纹固定循环
N280 M98 P0003	调用子程序 O0003
N290 G00 G49 Z100 M05	抬刀,主轴停止
N300 M00	程序暂停
N310 G43 G90 G00 Z50 H06 M03 S200	换刀并执行刀具长度补偿进到工件坐标系
N320 G99 G84 X46 Y31 Z−30 R5 F1.25	攻螺纹固定循环
N330 M98 P0003	调用子程序 O0003
N340 G80 G49 G00 Z100 M09	抬刀,取消循环,取消补偿,切削液关
N350 M05	主轴停止
N360 M30	程序结束
O0002	型腔加工子程序
N10 G01 X−12.93	
N20 G03 Y−6.89 R−9.87	
N30 G01 X12.93	
N40 G03 Y6.89 R−9.87	
N50 G40 G00 X20 Y0	
N60 M99	

O0003   螺纹孔加工子程序
N10 X-46
N20 Y-31
N30 X46
N40 Y31
N50 M99

4.4.6 填写工艺文件

落料凹模型腔及螺纹孔的数控加工工序卡片如表4.8所示。

表4.8　数控加工工序卡片

数控加工工序卡片			产品名称	零件名称	零件图号
				落料凹模	
工艺名称	程序编号	夹具名称	夹具编号	使用设备	车间
		压板		数控铣床	
工序号	工步作业内容	刀具号	进给速度	切削速度	备注
1	粗铣内轮廓	01	150 mm/min	40 m/min	刀补号 D01
2	精铣内轮廓	01	150 mm/min	40 m/min	刀补号 D02
3	中心钻打孔	02	100 mm/min	1 200 r/min	
4	钻螺纹底孔	03	150 mm/min	600 r/min	刀补号 H03
5	头锥攻螺纹	04	1.25 mm/r	200 r/min	刀补号 H04
6	二锥攻螺纹	05	1.25 mm/r	200 r/min	刀补号 H05
编制		审批		批准	年　月　日	共　页	第　页

数控加工刀具卡片如表4.9所示。

表4.9　数控加工刀具卡片

零件图号	零件名称	材料	刀具明细表		程序编号	使用设备	车间	刀具材料
	落料凹模	T10				数控铣床		
序号	刀具编号	刀具名称	刀补号（测量值）		换刀方式	加工部位		数量
			D	H				
1	01	立铣刀	01		手动	落料凹模型腔		1
			02					
2	02	中心钻		03	手动	螺纹定位孔		1
3	03	钻头		04	手动	螺纹底孔		1
4	04	丝锥		05	手动	螺纹孔		1
5	05	丝锥		06	手动	螺纹孔		1

4.5　数控铣床的基本操作

数控铣床配用的数控系统不同,其机床操作面板的形式也不同,但各种开关、按键的功能及操作方法相似。本节以 XK714 上采用的 FANUC 0Mi 为例,介绍数控铣床的操作。

4.5.1　数控铣床操作面板

机床操作面板由 CRT/MDI 面板和机床操作面板两部分组成。

(1) 系统操作 (CRT/MDI) 面板

系统操作面板如图 4.82 所示。面板上的各键功能如表 4.10 所示。

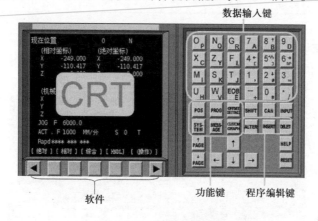

图 4.82　系统操作面板

表 4.10　CRT/MDI 面板各键功能说明

键	名　称	功能说明
RESET	复位键	按下此键,复位 CNC 系统。包括取消报警、主轴故障复位、中途退出自动操作循环和中途退出输入、输出过程等
HELP		帮助
SHIFT	上挡键	
INPUT	输入键	除程序编辑方式以外的情况,当面板上按下一个字母或数字键以后,必须按下此键才能输入 CNC 内
INSET		插入
CAN	取消键	按下此键,删除上一个输入的字符
EOB	回车键	回车
ALINT	替换键	替换功能
PAGE	页面变换键	用于在 CRT 页面上,一步步移动光标
POS	位置显示键	在 CRT 上显示机床现在的位置

续表

键	名称	功能说明
PROG	程序键	在编辑方式下,编辑和显示在内存中的程序,在 MDI 方式下,输入和显示 MDI 数据
OFFSET SETING	设置键	显示刀偏/设定画面
MESS-AGE		运行履历
GRAPH	图像键	图像显示功能
DELET	删除键	删除程序或内存中已有字符
SYS. TEM	系统参数键	设置系统参数

(2)机床操作面板

机床操作面板如图4.83所示

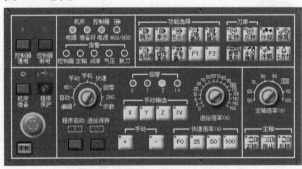

图 4.83　机床操作面板

4.5.2　XK714 数控铣床控制操作教程

(1)机床开机步骤

①打开电箱上的总电源控制开关。

②合上总电源开关(空气开关),这时操作面板上的"POWER"发光二极管点亮,表示电源接通。

③按下操作面板上的"CNC POWER ON"按钮,这时"CNC"通电,面板上"CNC POWER"电源指示发光二极管点亮。

④释放急停按钮,按下操作面板上"MACHINE RESET"按钮,这时面板灯泡自检"CNC READY"指示发光二极管点亮。

⑤按下变频器复位按钮(即"RESET"键),使主轴报警灯熄灭。

(2)数控铣床手动控制操作

1)主轴控制

①点动。在手动模式下(JOG),按下主轴点动键,则可使主轴正转点动。

②连续运转。在手动模式下(JOG),按下主轴正、反转键,主轴按设定的速度旋转,按停

124

止键主轴则停止,也可按复位键停止主轴。

2)坐标轴的运动控制

①微调操作。进入微调操作模式,再选择移动量和要移动的坐标轴。

②连续进给。选择手动模式,则按下任意坐标轴运动键,即可实现该轴的连续进给(进给速度可以设定),释放该键,运动停止。

③快速移动。同时按下坐标轴和快速移动键,则可实现该轴的快速移动,运动速度为 G00。

3)常见故障及处理

在手动控制机床移动(或自动加工)时,若机床移动部件超出其运动的极限位置(软行程限位或机械限位),则系统出现超程报警,蜂鸣器尖叫或报警灯亮,机床锁住。

(3)MDI 程序运行

所谓 MDI 方式,是指临时从数控面板上输入一个或几个程序段的指令并立即实施的运行方式。

(4)安装工件操作

安装夹具前,一定要先将工作台和夹具清理干净。夹具装在工作台上,要先将夹具通过量表找正找平后,再用螺钉或压板将夹具压紧在工作台上。安装工件时,也要通过量表找正找平工件。

(5)刀具安装及原点确定

使用刀具时,首先应确定数控铣床要求配备的刀柄及拉钉的标准和尺寸(这一点很重要,一般规格不同无法安装),根据加工工艺选择刀柄、拉钉和刀具,并将它们装配好,然后装夹在数控铣床的主轴上。

第**5**章
数控电火花线切割加工与编程

5.1 概　述

电火花线切割加工(Wire Cut Electrical Discharge Machining,简称 WCEDM)是电火花加工中的一种类型,自 20 世纪 50 年代末诞生以来,获得了迅速发展,已逐步成为一种高精度和高自动化的加工方法。在模具制造、样板夹具零件加工、难加工材料及精密复杂零件加工等方面获得了广泛应用。目前,国内外的线切割机床已占电加工机床的 60% 以上。

5.1.1　数控电火花线切割加工原理

数控电火花线切割加工的基本原理如图 5.1 所示。线切割加工采用细金属丝(钼丝或铜丝等)作为工具电极接脉冲电源的负极,被切割的工件作为工件电极接脉冲电源的正极。加工时,工件固定在工作台上,电极丝沿导轮做往复循环运动,控制器通过进给电机控制工作台的动作,使工件沿预定的轨迹运动,工作液则通过液压泵喷注在电极丝与工件之间。当工件与电极丝的间隙($\delta_\text{电}$ 一般取 0.01 mm)适当时,在脉冲电压的作用下,工作液被击穿,两个电极间形成瞬时放电通道,从而引发火花放电,产生局部、瞬时高温(通道中心温度达到 10 000 ℃以上),高温使工件局部金属熔化,甚至有少量汽化,高温也使电极丝和工件之间的工作液部分产生汽化,这些汽化后的工作液和金属蒸气瞬间迅速热膨胀,并具有爆炸的特性。靠这种热膨胀和局部微爆炸,抛出熔化和汽化了的金属材料从而实现对工件材料的电蚀切割加工。

线切割加工时,为避免电极丝被烧断,应向放电间隙注入大量工作液充分冷却电极,同时电极丝以一定速度连续不断地通过切割区。运动的电极丝有利于不断地往放电间隙中带入新的工作液,同时也有利于把电蚀产物从间隙中带出去。

根据电极丝的运行速度不同,线切割机床通常分为两类:

①高速走丝线切割机床(见图 5.1)。它是我国生产和使用的主要机种,也是我国独创的线切割加工模式,常用钼丝作电极丝,并整齐地排绕在储丝筒上,由储丝筒带动做高速往复运动,一般走丝速度为 6 ~ 10 m/s,电极丝可重复使用,加工速度较高,但快速走丝容易造成电极

126

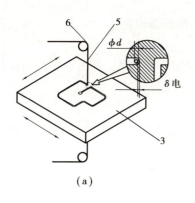
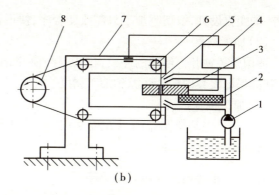

（a）　　　　　　　　　　　　（b）

图 5.1　数控电火花线切割加工原理示意图
（a）工件及其运动方向　（b）电火花线切割加工装置原理图
1—工作液循环系统；2—绝缘底板；3—工件；4—脉冲电源；
5—电极丝（钼丝）；6—导向轮；7—支架；8—储丝筒

丝抖动和反向停顿，使加工质量下降。

②低速走丝线切割机床。它是国内外生产和使用的主要机种，其电极丝采用铜丝并做低速单向移动，一般走丝速度低于 0.25 m/s，电极丝一次放电后就不再使用，抖动小，切割过程平稳、均匀，零件加工质量好，但加工速度低。

5.1.2　数控电火花线切割加工的特点

①采用金属丝作为工具电极，不需设计和制造成形电极。节省了设计、制造成形电极的费用，缩短了辅助生产时间。

②加工零件时不受材料硬度影响，不受材料热处理状况的影响，可切割各种高硬度、高强度、高韧性和高脆性的导电材料，如淬火钢、硬质合金等。

③由于电极丝通常都比较细（最小可达 $\phi 0.003$ mm），可加工微细异形孔、窄缝及复杂形状的工件。另外，在加工贵重金属时，由于金属的蚀除量很少，使材料的利用率很高，节省了费用。

④能加工各种冲模、凸轮、样板等外形复杂的精密零件，尺寸精度可达 $0.01 \sim 0.02$ mm（最高可达 ± 2 μm），表面粗糙度 R_a 值可达 1.6 μm。还可切割带斜度的模具或工件。

⑤采用长电极丝不断运动的加工方法，使单位长度电极丝的损耗很小，对加工精度的影响也较小。

⑥采用水或水基工作液，不会引燃起火，实现了无人运行的安全性。

⑦通常用于加工零件上的直壁表面，通过 X,Y,U,V 四轴联动控制，也可进行锥度切割和加工上下异形体、形状扭曲的曲面体和球形体等零件。

⑧不能加工盲孔及纵向阶梯表面。

5.1.3　数控电火花线切割加工的应用

由于线切割所采用的电极丝很细，故能加工出任何平面几何形状的零件，应用范围较广。它主要有以下 3 个方面：

（1）试制新产品

用线切割直接切割出零件，无须另行制造模具，这样可大大降低试制品的成本及时间。

另外,如变更设计,线切割加工只需改变程序,便可再次切割出新产品。

(2)加工模具

适用于各种几何形状的冲模,在切割凸模、凹模时,只需一次编程,使用不同的间隙补偿量,就能保证模具的配合间隙和加工精度。

(3)加工特殊材料

在切割一些高硬度、高熔点的金属时,采用切削加工的方法相对困难,而采用电火花线切割加工既经济,质量又好。

5.1.4　数控电火花线切割机床

(1)DK7725E 型电火花线切割机床的组成结构

DK7725E 型电火花线切割机床主要由线切割机床本体、脉冲电源、工作液循环系统、控制系统和线切割机床附件等几部分组成,如图 5.2 所示。

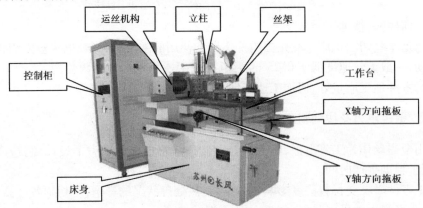

图 5.2　DK7725E 型线切割机床结构图

1)线切割机床本体

线切割机床本体由床身、坐标工作台、运丝机构和丝架等组成。

①床身

床身一般为铸件,是坐标工作台、运丝机构及丝架的支承和固定基础。床身通常采用箱式结构,具有足够的强度和刚度。床身上安装有上丝开关和紧急停止开关,还安装有运丝电动机。

②坐标工作台

电火花线切割机床是通过坐标工作台(X 轴和 Y 轴)与电极丝的相对运动来完成工件加工的。一般都用由 X 轴方向和 Y 轴方向组成的"＋"字滑板,由步进电动机带动滚动导轨和丝杠使工作台做直线运动,通过两个坐标方向各自的进给运动,可组合成各种平面图形轨迹。

③运丝机构、丝架

运丝机构用来控制电极丝与工件之间产生相对运动,如图 5.3 所示。

丝架与运丝机构一起构成电极丝的运动系统。它的功能主要是对电极丝起支撑作用,并使电极丝工作部分与坐标工作台平面保持一定的几何角度,以满足各种工件(如带锥工件)加工的需要。

图5.3 运丝机构

2）脉冲电源

电火花线切割加工脉冲电源的脉宽较窄（2~60 μs），单个脉冲能量的平均峰值电流仅为1~5 A，因此，电火花线切割加工通常采用正极性加工。脉冲电源的形式很多，如晶体管矩形波脉冲电源、高频分组脉冲电源、并联电容型脉冲电源，最为常用的是高频分组脉冲电源。

3）工作液循环系统

在电火花线切割加工过程中，需要给线切割机床稳定地供给有一定绝缘性能的工作液，用来冷却电极丝和工件，并排除电蚀物。快走丝线切割机床使用的工作液是专用乳化液，常用浇注式供液方式，如图5.4所示。

4）控制系统

目前的电火花线切割机床普遍采用数字程序控制技术。数字程序控制器是该技术的核心部件，它是一台专用的小型电子计算机，由运算器、控制器、译码器、输入回路及输出回路组成。快走丝线切割机床的控制系统通常采用步进电动机开环控制系统。

电火花线切割机床控制系统的控制方法主要有逐点比较法、数字积分法、矢量判别法及最小偏差法

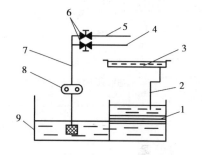

图5.4 线切割机床工作液系统图
1—过滤器；2—回液管；3—坐标工作台；
4—下丝臂进液管；5—上丝臂进液管；
6—流量控制阀；7—进液管；
8—工作液泵；9—工作液箱

等。快走丝线切割机床的控制系统通常采用逐点比较法，即线切割机床的X,Y轴是不能同时进给的，只能按直线的斜率或曲线的曲率交替地逼近。因此，步进电动机每进给一步，都要求控制系统完成偏差的判别、工作台滑板进给、偏差计算及终点判别这样4个工作节拍。

5）线切割机床附件

电火花线切割机床附件包括导轮、导电块、电极丝挡块、导轮轴承、套筒扳手及钼丝垂直校正器等。

（2）电火花线切割机床的主要技术参数

电火花线切割机床 DK7725E 型号的含义如下：

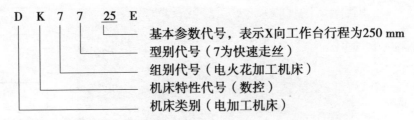

DK77 <u>25</u> E 基本参数代号，表示X向工作台行程为250 mm

型别代号（7为快速走丝）

组别代号（电火花加工机床）

机床特性代号（数控）

机床类别（电加工机床）

电火花线切割机床的主要技术参数包括工作台行程（纵向行程 X、横向行程 Y）、最大切割厚度、加工表面粗糙度、加工精度、切割速度及数控系统的控制功能等。国家颁布的《电火花线切割机床参数》如表 5.1 所示。DK77 系列数控电火花线切割机床的主要型号及技术参数如表 5.2 所示。

表 5.1　电火花线切割机床参数（GB 7925—1987）

工作台	横向行程/mm	100		125		160		200		250		320		400		500		630	
	纵向行程/mm	125	160	160	200	200	250	250	320	320	400	400	500	500	630	630	800	800	1 000
	最大承载量/kg	10	15	20	25	40	50	60	80	120	160	200	250	320	500	500	630	960	1 200
工件尺寸	最大宽度/mm	125		160		200		250		320		400		500		630		800	
	最大长度/mm	200	250	250	320	320	400	400	500	500	630	630	800	800	1 000	1 000	1 200	1 200	1 600
	最大切割厚度/mm	40,60,80,100,120,180,200,250,300,350,400,450,500,550,600																	
大切割锥度		0°,3°,6°,9°,12°,15°,18°（18°以上，每挡间隔增加 6°）																	

表 5.2　DK77 系列数控电火花线切割机床的主要型号及技术参数

机床型号	DK7716	7720	7725	7732	7740	7750	7763	77120
工作台行程/mm	200 × 160	250 × 200	320 × 250	500 × 320	500 × 400	800 × 500	800 × 630	2 000 × 1 200
最大切割厚度/mm	100	200	140	300（可调）	400（可调）	300	150	500（可调）
加工表面粗糙度 R_a/μm	2.5	2.5	2.5	2.5	6.3 ~ 3.2	2.5	2.5	
加工精度/mm	0.01	0.015	0.012	0.015	0.025	0.01	0.02	
切割速度/(mm² · min⁻¹)	70	80	80	100	120	120	120	
加工锥度	3° ~ 60°,依各厂家的型号不同而不同							
控制方式	各种型号均由单板（或单片）机或微机控制							

5.2　数控电火花线切割加工工艺

5.2.1　零件图工艺分析

(1)凹角和尖角的尺寸分析

由于线电极的直径 d 和放电间隙 δ 的必然存在,使线电极中心的运动轨迹与加工面相距 l,即 $l = d/2 + \delta$,如图 5.5 所示。因此,线切割加工时,在工件的凹角(内拐角)处永远也不能加工成尖角而只能加工成圆角。电极丝的半径和放电间隙越大,该拐角处的圆弧误差也越大。由于直径 d 和放电间隙 δ 的影响,加工凸模类零件时,电极丝中心轨迹应放大一个距离 l;加工凹模类零件时,线电极中心轨迹应缩小一个距离 l,如图 5.6 所示。

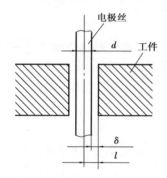

图 5.5　电极丝与加工面的位置关系

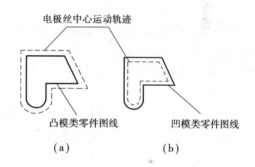

图 5.6　电极丝中心轨迹的偏移
(a)加工凸模类零件　(b)加工凹模类零件

线切割加工中的轮廓拐角处,特别是小角度的拐角上都应加过渡圆。过渡圆的大小可根据工件形状及有关技术条件考虑。随着工件的增厚,过渡圆也可相应增大一些,一般可在 0.1 ~ 0.5 mm 选用。为了得到良好的凸、凹模配合间隙,一般在图形拐角处也要加一个过渡圆,因为电极丝加工轨迹会在拐角处自然加工出半径为 l 的过渡圆。

(2)表面粗糙度和加工精度分析

线切割加工所能达到的加工精度和表面质量的指标值是有限的,高速走丝线切割加工精度一般为 $\pm(0.005 \sim 0.02)$ mm,表面质量为 $R_a(1.6 \sim 3.2)$ μm;低速走丝线切割加工精度一般为 ± 0.001 mm,表面质量可达 $R_a 0.1$ μm。

零件图上的加工精度和表面质量应在数控线切割机床所能达到的范围内,其加工要求应该在满足质量要求的前提下且尽可能不要太高,否则对生产率的影响很大。

5.2.2　工艺准备

(1)电极丝准备

1)电极丝材料选择

所选择的电极丝应具有良好的导电性和抗电蚀性,抗拉强度高,材质均匀。常用电极丝有钼丝、钨丝、黄铜丝等。如表5.3所示为常用电极丝材料的特点,可供选择时参考。

表5.3 常用电极丝材料及其特点

材料	线径/mm	特 点
纯铜	0.1 ~ 0.25	适合于切割速度要求不高或精加工时用,丝不易卷曲,抗拉强度低,容易断丝
黄铜	0.1 ~ 0.30	适合于高速加工,加工面的蚀屑附着少,表面粗糙度和加工面的平直度也较好
专用黄铜	0.05 ~ 0.35	适合于高速、高精度和理想的表面粗糙度加工以及自动穿丝,但价格高
钼	0.06 ~ 0.25	由于它的抗拉强度高,一般用于快速走丝,在进行细微、窄缝加工时,也可用于慢速走丝
钨	0.03 ~ 0.10	由于抗拉强度高,可用于各种窄缝的微细加工,但价格昂贵

钼丝抗拉强度高,适用于快速走丝加工,因此我国快速走丝机床大都选用钼丝作电极丝,直径为 $\phi 0.08 \sim \phi 0.2$ mm。钨丝或其他昂贵金属丝因成本高而很少使用,其他线材因抗拉强度低,故在快走丝机床上不能使用。慢走丝机床上可用各种铜丝、铁丝、专用合金丝以及镀层(如镀锌等)的电极丝。

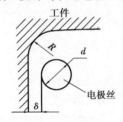

图5.7 电极丝直径与拐角半径的关系

2)电极丝直径的选择

电极丝直径 d 应根据工件加工的切缝宽窄、工件厚度及拐角尺寸大小等来选择。若加工带尖角、窄缝的小型模具,宜选用较细的电极丝;若加工大厚度工件或进行大电流切割,则应选较粗的电极丝。由图5.7可知,电极直径 d 与拐角半径 R 的关系为 $d \leq 2(R - \delta)$。因此,在拐角要求小的微细线切割加工中,需要选用线径细的电极,但如果线径太细,能够加工工件的厚度将受到限制。如表5.4所示列出线径与拐角极限和工件厚度的关系。

表5.4 线径与拐角极限和工件厚度的关系

线电极直径 d/mm	拐角极限 R_{min}/mm	切割工件厚度 /mm	线电极直径 d/mm	拐角极限 R_{min}/mm	切割工件厚度 /mm
钨 0.05	0.04 ~ 0.07	0 ~ 10	黄铜 0.15	0.10 ~ 0.16	0 ~ 50
钨 0.07	0.05 ~ 0.10	0 ~ 20	黄铜 0.20	0.12 ~ 0.20	0 ~ 100 以上
钨 0.10	0.07 ~ 0.12	0 ~ 30	黄铜 0.25	0.15 ~ 0.22	0 ~ 100 以上

(2)工件准备

1)工件材料的选择和处理

数控线切割加工的模具零件一般采用锻件作毛坯,其线切割加工常在淬火与回火后进行。由于受材料淬透性的影响,当大面积去除金属和切断加工后,会使材料内部残余应力的相对平衡状态遭到破坏而产生变形,影响加工精度,甚至在切割过程中造成材料突然开裂。为减少这种影响,除在设计时应选用锻造性能好、淬透性好、热处理变形小的合金工具钢(如 Cr12,Cr12MoV,CrWMn)作模具材料外,还应正确进行模具毛坯锻造及热处理工艺。

对于锻造后的材料,在锻打方向与其垂直方向会有不同的残余应力,淬火后也会出现残余应力。加工过程中,残余应力的释放会使工件变形,从而影响加工精度,淬火不当的工件还会在加工过程中出现裂纹。因此,工件需经两次以上回火或高温回火。此外,加工前还要进行消磁处理及去除表面氧化皮和锈斑等。

2)模具工作零件准备工序

模具工作零件准备工序是指凸模或凹模在线切割加工之前的全部加工工序。

①凹模的准备工序

a. 下料:用锯床切出所需棒料。

b. 锻造:改善内部组织,锻造成形。

c. 退火:消除锻造内应力,改善加工性能。

d. 刨(铣):刨六面,厚度留磨削余量 0.4 ~ 0.6 mm。

e. 磨:磨出上下平面及相邻两侧面。

f. 划线:划出刃口轮廓线及孔(螺孔、销孔、穿丝孔等)的位置。

g. 加工型孔部分:当凹模较大时,为减少线切割加工量,需将型孔漏料部分铣(车)出,只切削刃口高度;对淬透性差的材料,可将型孔的部分材料去除,留 3 ~ 5 mm 切割余量。

h. 孔加工:加工螺孔、销孔、穿丝孔等。

i. 淬火:满足设计要求。

j. 磨:磨削上下平面及相邻两侧面。

k. 退磁处理。

②凸模的准备工序

凸模的准备工序,可根据凸模的结构特点,参照凹模的准备工序,去掉其中不需要的工序即可. 但应注意以下 3 点:

a. 为便于加工装夹,一般都将毛坯锻造成平行六面体。对尺寸、形状相同,断面尺寸较小的凸模,可将几个凸模制成一个毛坯。

b. 凸模的切割轮廓线与毛坯侧面之间应留足够的切割余量(一般不小于 5 mm)。毛坯上还要留出装夹部位。

c. 有时为防止切割时模坯产生变形,应在模坯上加工出穿丝孔,切割时从穿丝孔开始。

3)工件加工基准的选择

为了便于线切割加工,根据工件外形和加工要求,应准备相应的校正和加工基准,此基准应尽量与图样的设计基准一致,常见的有以下两种形式:

①以外形为校正和加工基准。外形是矩形的工件,一般需要有两个相互垂直的基准面并垂直于工件的上、下平面,如图 5.8 所示。

②以外形和内孔分别作为校正基准和加工基准。如图 5.9 所示,工件无论是矩形、圆形还是其他异形,都应准备一个与其上、下平面保持垂直的校正基准,此时其中一个内孔可作为加工基准。在大多数情况下,外形基面在线切割加工前的机械加工中就已准备好了。工件淬

硬后,若基面变形很小,稍加打光便可用线切割加工;若变形较大,则应当重新修磨基面。

图 5.8　矩形工件的校正和加工基准　　　　　　　图 5.9　加工基准的选择
　　　　　　　　　　　　　　　　　　　　　　　　(外形一侧边为校正基准,内孔为加工基准)

4)穿丝孔的确定

①切割凸模类零件。为避免将坯件外形切断引起变形,常在坯件内部接近外形附近预制穿丝孔(见图 5.10(c))。

②切割凹模、孔类零件。可将穿丝孔位置选在待切割型腔(孔)内部。当穿丝孔位置选在待切割型腔(孔)的边角处时,切割过程中无用的轨迹最短;而穿丝孔位置选在已知坐标尺寸的交点处则有利于尺寸推算。切割孔类零件时,将穿丝孔位量选在型孔中心可使编程操作容易。因此,要根据具体情况来选择穿丝孔的位置。

③穿丝孔大小要适宜。如果穿丝孔孔径太小,不但钻孔难度增加,而且也不便于穿丝;相反,若穿丝孔孔径太大,则会增加钳工工艺的难度。穿丝孔常用直径一般为 $\phi3 \sim \phi10$ mm。如果预制孔可用车削等方法加工,则穿丝孔孔径也可大些。

5)切割路线的确定

在整块坯料上切割工件时,坯料的边缘处变形较大(尤其是淬火钢和硬质合金),因此,确定切割路线时,应尽量避开坯料的边缘处。一般情况,合理的切割路线应将工件与其夹持部位分离的切割段安排在总的切割程序末端,尽量采用穿孔加工以提高加工精度。这样可保持工件具有一定的刚度,防止加工过程中产生较大的变形。如图 5.10 所示的 3 种切割路线中,图 5.10 (a)的切割路线不合理,工件远离夹持部位的一侧会产生变形,影响加工质量;图 5.10 (b)的切割路线比较合理;图 5.10 (c)的切割路线最合理。

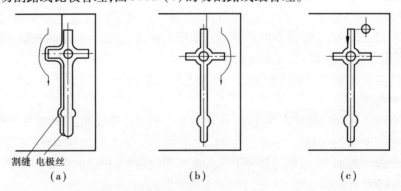

割缝　电极丝
(a)　　　　　　　　　　(b)　　　　　　　　　　(c)

图 5.10　切割路线的选择

5.2.3　工作液的选择

工作液对切割速度、表面粗糙度、加工精度等都有较大影响,加工时必须正确选配。常用工作液主要有乳化液和去离子水。快走丝线切割加工中,目前最常用的是乳化液。乳化液是由乳化油和工作介质配制(为 5% ~ 10%)而成的。工作介质可用自来水,也可用蒸馏水、高纯水和磁化水。对于慢走丝线切割加工,目前普遍使用去离子水。为了提高切割速度,在加工时还要加进有利于提高切割速度的导电液以增加工作液的电阻率。加工淬火钢,使电阻率在 $2 \times 10^4 \Omega \cdot cm$ 左右;加工硬质台金,电阻率在 $30 \times 10^4 \Omega \cdot cm$ 左右。

5.2.4　工件装夹和位置校正

(1)工件装夹的一般要求

①工件的基准面应清洁无毛刺。经热处理的工件,在穿丝孔内及扩孔的台阶处,要清除热处理残物及氧化皮。

②夹具应具有必要的精度,将其稳固地固定在坐标工作台上,拧紧螺钉时用力要均匀。

③工件装夹的位置应有利于工件找正,并与线切割机床的行程相适应,坐标工作台移动时工件不得与丝架相碰。

④对工件的夹紧力要均匀,不得使工件变形或翘起,以免影响加工精度。

⑤大批零件加工时,最好采用专用夹具,以提高生产效率。

⑥细小、精密、薄壁的工件应固定在不易变形的辅助夹具上。

(2)工件装夹的方式

1)悬臂支撑方式

悬臂支撑通用性强,装夹方便,如图 5.11 所示。但由于工件单端固定,另一端呈悬梁状,因而工件平面不易平行于工作台面,易出现上仰或下斜,致使切割表面与其上、下平面不垂直或不能达到预定的精度。另外,加工中工件受力时,位置容易变化。因此,只有工件的技术要求不高或悬臂部分较少的情况下才能使用。

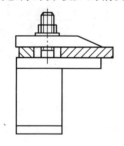

图 5.11　悬臂支撑方式

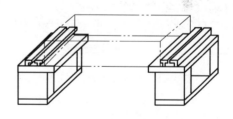

图 5.12　双端支撑方式

2)双端支撑方式

工件两端固定在夹具上,其装夹方便,支撑稳定,平面定位精度高(见图 5.12),但不利于小零件的装夹。

3)桥式支撑方式

采用两支撑垫铁架在双端支撑夹具上,如图 5.13 所示。其特点是通用性强,装夹方便,对大、中、小工件都可方便地装夹,特别是带有相互垂直的定位基准面的夹具,使侧面具有平面基准的工件可省去找正工序。如果找正基准也是加工基准,可间接地推算和确定电极丝中心与加工基准的坐标位置。这种支撑装夹方式有利于外形和加工基准相同的工件实现成批加工。

4)板式支撑方式

板式支撑夹具可根据工件的常规加工尺寸而制造,呈矩形或圆形,并增加 X,Y 方向的定位基准。装夹精度易于保证,适宜常规生产中使用,如图 5.14 所示。

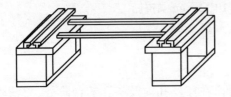

图 5.13 桥式支撑方式

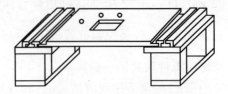

图 5.14 板式支撑方式

5)复式支撑方式

复式支撑夹具是在桥式夹具上再固定专用夹具而成。这种夹具可以很方便地实现工件的成批加工。它能快速地装夹工件,因而可节省装夹工件过程中的辅助时间,特别是节省工件找正及确定电极丝相对于工件加工基准的坐标位置所花费的时间。这样既提高了效率,又保证了工件加工的一致性。其结构如图 5.15 所示。

6)弱磁力夹具

弱磁力夹具装夹工件迅速简便,通用性强,应用范围广,对于加工成批的工件尤其有效。其工作原理如图 5.16 所示。当永久磁铁的位置如图 5.16(a)所示,磁力线经过磁靴左右两部分闭合,对外不显示磁性。把永久磁铁旋转90°,如图 5.16(b)所示,磁力线被磁靴的铜焊层隔开,没有闭合的通道,则对外显示磁性。工件被固定在夹具上时,工件和磁靴组成闭合回路,于是工件被夹紧。加工完毕后,将永久磁铁再旋转90°,夹具对外不显示磁性,可将工件取下。

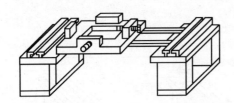

图 5.15 复式支撑方式

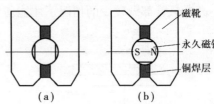

图 5.16 弱磁力夹具
(a)对外不显磁性 (b)对外显示磁性

(3)工件位置的校正

工件安装到线切割机床坐标工作台上后,在进行夹紧前,应先进行工件的平行度找正,即将工件的水平方向调整到指定角度,一般为工件的侧面与线切割机床运动的坐标轴平行。工件位置找正的方法有以下两种:

1)百分表法找正

百分表法找正是利用磁力表座,将百分表固定在丝架或者其他固定位置上,百分表表头与工件基准面进行接触,往复移动 X,Y 坐标工作台,按百分表指示数值调整工件。必要时找正可在 3 个方向进行。

2)划线法找正

当工件的切割图形与定位的相互位置要求不高时,可采用划线法。用固定在丝架上的一个带有螺纹的零件将划针固定,划针尖指向工件图形的基准线或基准面,往复移动 X,Y 坐标工作台,根据目测调整工件进行找正。

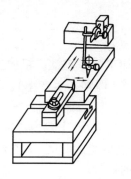

图 5.17　百分表法找正

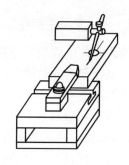

图 5.18　划线法找正

5.2.5　电极丝位置校正

(1)电极丝垂直找正

使电极丝与安装在坐标工作台上的垂直找正器的上、下测量刃口接触,不断地调节电极丝的位置,当电极丝接近垂直找正器的测量刃口,上、下指示灯同时亮时,即可认为电极丝已在垂直位置。具体操作可参照线切割机床操作说明书进行。找正应在 X,Y 两个方向上分别进行,而且一般应重复 2 ~ 3 次,以减少垂直误差。

(2)电极丝起始位置找正

线切割加工前,应将电极丝调整到切割的起始坐标位置上,其调整方法如下:

1)目测法。

如图 5.19 所示,利用穿丝孔处划出的十字基准线,分别沿划线方向观察电极丝与基准线的相对位置。根据两者的偏离情况移动坐标工作台,当电极丝中心分别与纵、横方向基准线重合时,坐标工作台纵、横方向刻度盘上的读数就确定了电极丝的中心位置。

图 5.19　目测法

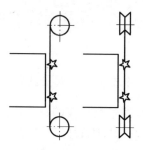

图 5.20　火花法

2)火花法

如图 5.20 所示,开启高频电压及储丝筒(注意:电压幅值、脉冲宽度和峰值电流均要打到最小,且不要开冷却液),移动坐标工作台使工件的基准面靠近电极丝,在出现火花的瞬时,记下坐标工作台的相对坐标值,再根据放电间隙计算电极丝中心坐标。此法虽简单易行,但定位精度较差。

3)自动找正

一般的线切割机床都具有自动找边、自动找中心的功能,找正精度较高。操作方法因线切割机床而异。

5.2.6 加工参数的选择

正确选择脉冲电源加工参数,可提高加工工艺指标和加工的稳定性。粗加工时,应选用较大的加工电流和大的脉冲能量,可获得较高的材料去除率(即加工生产率)。而精加工时,应选用较小的加工电流和小的单个脉冲能量,可获得加工工件较低的表面粗糙度。

加工电流就是指通过加工区的电流平均值,单个脉冲能量大小,主要由脉冲宽度、峰值电流、加工幅值电压决定。脉冲宽度是指脉冲放电时脉冲电流持续的时间,峰值电流指放电加工时脉冲电流峰值,加工幅值电压指放电加工时脉冲电压的峰值。

以下电规准实例可供使用时参考:

①精加工。脉冲宽度选择最小挡,电压幅值选择低挡,幅值电压为 75 V 左右,接通 1 ~ 2 个功率管,调节变频电位器,加工电流控制在 0.8 ~ 1.2 A,加工表面粗糙度 $R_a \leqslant 2.5$ μm。

②最大材料去除率加工。脉冲宽度选择 4 ~ 5 挡,电压幅值选取"高"值,幅值电压为 100 V 左右,功率管全部接通,调节变频电位器,加工电流控制在 4 ~ 4.5 A,可获得 100 mm^2/min 左右的去除率(材料厚度为 40 ~ 60 mm)。

③大厚度工件加工(>300 mm)。幅值电压选至"高"挡,脉冲宽度选 5 ~ 6,功率管开 4 ~ 5 个,加工电流控制在 2.5 ~ 3 A,材料去除率 >30 mm^2/min。

④较大厚度工件加工(60 ~ 100 mm)。幅值电压选至高挡,脉冲宽度选取 5 挡,功率管开 4 个左右,加工电流调至 2.5 ~ 3 A,材料去除率 50 ~ 60 mm^2/min。

⑤薄工件加工。幅值电压选低挡,脉冲宽度选第 1 ~ 2 挡,功率管开 2 ~ 3 个,加工电流调至 1 A 左右。

注意,改变加工的电规准,必须关断脉冲电源输出(调整间隔电位器 RP1 除外),在加工过程中一般不应改变加工电规准,否则会造成加工表面粗糙度不一样。

5.3 数控电火花线切割机床编程方法

5.3.1 程序格式及编程基础

(1)数控线切割机床的程序格式

数控线切割机床的程序格式主要有 3B,4B,5B,ISO 和 EIA 等。为与国际接轨,现在国内生产的数控线切割机床采用符合国际标准的 ISO 格式,同时也能采用 3B 格式。

(2)数控线切割机床的坐标系

1)机床坐标系

机床坐标系是线切割机床上固有的坐标系,是机床坐标工作台的进给运动坐标系,其坐标轴及其方向按有关标准的规定,采用右手直角笛卡儿坐标系,参考电极丝的运动方向来决定。面向机床正面,坐标工作台平面为坐标系平面,横向为 X 坐标轴方向,且电极丝向右运行为 X 的正方向,向左运行为 X 的负方向;纵向为 Y 坐标轴方向,且电极丝向外运行为 Y 的正向,向内运行为 Y 的负向。

为了能够加工锥度零件,数控线切割机床的导丝装置中另设有两坐标轴:与 X 轴平行的为 U 轴,与 Y 轴平行的为 V 轴,其正负方向的确定与 X,Y 轴相同。

2)机床坐标系的原点

机床坐标系的原点是在机床上设置的一个固定的坐标点,在机床装配、调试时就已确定下来,是坐标工作台进行进给运动的基准参考点,一般取在坐标工作台平面上 X,Y 两坐标轴正方向的极限位置上。

3)编程坐标系

编制数控线切割机床的加工程序时,一般采用相对(增量)坐标系,编程原点随程序段的不同而变化。切割直线段时是以该直线的起点作为编程坐标系的原点,切割圆弧段时以该圆弧的圆心作为编程坐标系的原点,以此计算直线段或圆弧段上其余各点的坐标。通常,数控线切割机床的数控系统都允许设置多个编程坐标系。

5.3.2　3B 格式编程方法

(1)3B 程序格式

3B 代码的编程书写格式如下:

B	X	B	Y	B	J	G	Z
分隔符	X 坐标值	分隔符	Y 坐标值	分隔符	计数长度	计数方向	加工指令

1)分隔符 B

表中的 B 称为分隔符号,它在程序单上起着把 X,Y 和 J 数值分隔开的作用,无实际意义。当 B 后面的数值为 0 时,则此 0 可不写,但分隔符 B 不能省略。

2)坐标值 X,Y

线切割编程时,采用相对坐标系,即坐标原点将随加工指令不断变动。坐标值 X,Y 的单位是微米(μm),最多 6 位。加工直线时,坐标原点为加工线段的起点,坐标值 X,Y 代表是该线段的终点相对起点的坐标值。直线段程序中的 X,Y 值可允许把它们同时缩小相同的倍数,只要其比值保持不变即可。对于与坐标轴重合的线段,在其程序中的 X 和 Y 值,均可不必写出。加工圆弧时,坐标原点应为圆弧的圆心,坐标值 X,Y 代表是圆弧的起点相对圆心的坐标值。

3)计数方向 G

线切割加工中,为保证所要加工的圆弧或线段能按要求的长度加工出来,一般线切割机床是通过控制从起点到终点某个滑板进给的总长度来达到的。因此,在计算机中设立一个计数器进行计数,即将加工该线段的滑板进给总长度 J 的数值,预先置入 J 计数器中。加工时,当被确定为计数长度时这个坐标的滑板每进给一步,J 计数器就减 1。这样,当 J 计数器减到零时,则表示该圆弧或直线段已加工到终点。在 X 和 Y 两个坐标中用哪个坐标作计数长度 J 呢? 这个计数方向的选择要依图形的特点而定。

加工直线时,终点靠近 X 轴,则计数方向就取 X 轴。记作 GX;反之,则记作 GY。若加工直线与坐标轴成 45°,则取 X 轴或 Y 轴均可,如图 5.21(a)所示。

加工圆弧时,终点靠近 X 轴,则计数方向必须选 Y 轴;反之,则记作 GX。倘若加工圆弧的终点坐标与坐标轴成 45°时,则取 X 轴或 Y 轴均可,如图 5.21(b)所示。

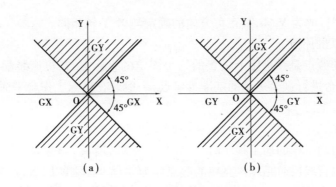

图 5.21　计数方向的确定

4)计数长度 J

计数长度是在计数方向的基础上确定的。计数长度是被加工的线段或圆弧在计数方向坐标轴上的投影的绝对值总和,单位是微米(μm)。

对于直线段,应看计数方向。计数方向为 X 轴,计数长度 J 就为直线段在 X 轴上的投影。计数方向为 Y 轴,计数长度 J 就为直线段在 Y 轴上的投影。如图 5.22(a)所示,取 $J = X_e$;如图 5.22(b)所示,取 $J = Y_e$。

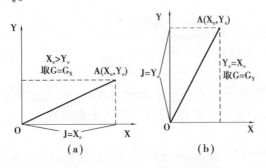

图 5.22　直线计数长度的确定

对于圆弧段,同样看计数方向,但应注意是整个圆弧段在计数方向所选轴上投影的总和。选择在哪个轴上的投影总和,应视圆弧的终点坐标而定。当圆弧的终点靠近 X 轴时,则应选择圆弧段在 Y 轴上的投影总和;当圆弧的终点靠近 Y 轴时,则应选择圆弧段在 X 轴上的投影总和。如图 5.23 所示的圆弧都是从 A 加工到 B,图 5.23(a)计数方向为 GX,$J = J_{X1} + J_{X2}$;图 5.23(b)计数方向为 GY,$J = J_{Y1} + J_{Y2} + J_{Y3}$。

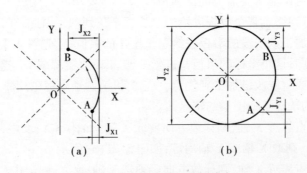

图 5.23　圆弧计数长度的确定

5）加工指令 Z

加工直线时有 4 种加工指令：L1，L2，L3，L4。当加工直线的运动轨迹指向第 I 象限（包括 X 轴正方向而不包括 Y 轴）时，加工指令记作 L1；当加工直线的运动轨迹指向第 II 象限（包括 Y 轴而不包括 X 轴负方向）时，记作 L2；L3，L4，以此类推，如图 5.24（c）、图 5.24（d）所示。

加工顺时针圆弧时有 4 种加工指令：SR1，SR2，SR3，SR4。如图 5.24（a）所示，当加工圆弧的起点在第 I 象限（包括 Y 轴而不包括 X 轴正方向）时，加工指令记作 SR1；当加工圆弧的起点在第 II 象限（包括 X 轴而不包括 Y 轴正方向）时，记作 SR2；SR3，SR4，以此类推。

加工逆时针圆弧时有 4 种加工指令：NR1，NR2，NR3，NR4。当加工圆弧的起点在第 I 象限（包括 X 轴而不包括 Y 轴正方向）时，加工指令记作 NR1；当起点在第 II 象限（包括 Y 轴而不包括 X 轴负方向）时，记作 NR2；NR3，NR4，以此类推，如图 5.24（b）所示。

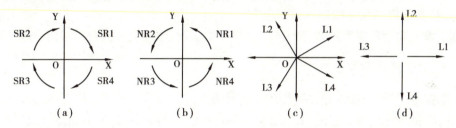

图 5.24　加工指令

（a）加工顺圆　　（b）加工逆圆　　（c）、（d）加工直线

（2）标注公差尺寸的编程计算

根据大量的统计表明，加工后的零件实际尺寸大部分是在公差带的中值附近。因此，对于标注有公差的尺寸，应采用中差尺寸编程。中差尺寸的计算公式为

$$中差尺寸 = 基本尺寸 + （上偏差 + 下偏差）/2$$

例如，直径 $\phi 20_{-0.05}^{0}$ 的中差尺寸为 $20 + （0 - 0.05）/2 = 19.975$。

（3）间隙补偿量的确定

在实际加工中，电火花线切割数控机床是通过控制电极丝的中心轨迹来加工的，如图 5.25 所示。在数控线切割机床上，电极丝的中心轨迹和零件轮廓之间差值的补偿称为间隙补偿。它可分为编程补偿和自动补偿两类。

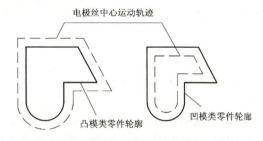

图 5.25　零件轮廓与电极丝中心轨迹

1）编程补偿法

加工凸模类零件时，电极丝中心轨迹应在所加工零件轮廓的外面；加工凹模类零件时，电极丝中心轨迹应在所加工零件轮廓的里面。所加工零件轮廓与电极丝中心轨迹间的距离，在圆弧的半径方向和线段垂直方向都等于间隙补偿量 f，如图 5.26 所示。

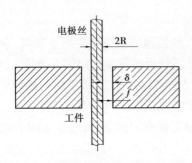

图 5.26　电极丝与工件放电位置关系

加工冲模的凸、凹模时,应考虑电极丝半径 $r_{丝}$、电极丝与工件之间的单边放电间隙 $\delta_{电}$ 及凸模与凹模间的单边配合间隙 $\delta_{配}$。此时,可分以下两种情况考虑:

①当加工冲孔模具时,凸模尺寸由孔的尺寸确定,$\delta_{配}$ 在凹模上扣除,故凸模的间隙补偿量 $f_{凸} = r_{丝} + \delta_{电}$,凹模的间隙补偿量 $f_{凹} = fr_{丝} + \delta_{电} - \delta_{配}$。

②当加工落料模时,凹模尺寸由工件的尺寸确定,$\delta_{配}$ 在凸模上扣除,故凸模的间隙补偿量 $f_{凸} = r_{丝} + \delta_{电} - \delta_{配}$,凹模的间隙补偿量 $f_{凹} = r_{丝} + \delta_{电}$。

2)自动补偿法

编程时,按图样的尺寸编制线切割程序,间隙补偿量 f 不在程序段尺寸中。加工前,将间隙补偿量 f 输入线切割机床的数控装置。这样在加工时,数控装置能自动对图形进行补偿。

5.3.3　ISO 格式编程方法

ISO 编程方式是一种通用的编程方法,这种编程方法与数控铣床编程有些类似,使用标准的 G 指令、M 指令等代码。它适用于大部分的高速走丝线切割机床和低速走丝线切割机床。

(1)程序格式

一个完整的 ISO 格式加工程序由程序名、程序主体(若干程序段)和程序结束指令所组成。

1)程序名

每一个程序必须指定一个程序名,并编在整个程序的开始。程序名的地址为英文字母(通常设为 O,P 或%等),紧接着为数字,可编的范围为 0001～9999。注意程序名不能重复。

2)程序的主体

程序的主体由若干程序段组成。在程序的主体中又分为主程序和子程序。一段重复出现的、单独组成的程序称为子程序。子程序取出命名后单独储存,即可重复调用。子程序常应用在某个工件上有几个相同型面的加工中。调用子程序所用的程序称为主程序。

3)程序结束指令 M02

M02 指令安排在程序的最后,单列一段。当数控系统执行到 M02 程序段时,就会自动停止进给并使数控系统复位。

(2)程序段格式

程序段是由若干个程序字组成的,其格式为

N　　　G　　　X　　　Y

其中,N 为程序的序号,由 2～4 位数字组成,也可省略不写。

G 为准备功能,它是用来建立线切割机床或控制系统工作方式的一种指令,其后跟两位数字。

X(或 Y)为 X(或 Y)轴移动的距离,单位常用微米(μm),若移动的距离用小数点表示,则认为距离单位为毫米(mm)。

电火花线切割数控机床常用的 ISO 代码如表 5.5 所示。

表 5.5　常用 ISO 代码

代码	功　　能	代码	功　　能
G00	快速定位	G55	加工坐标系 2
G01	直线插补	G56	加工坐标系 3
G02	顺圆插补	G57	加工坐标系 4
G03	逆圆插补	G58	加工坐标系 5
G05	X 轴镜像	G59	加工坐标系 6
G06	Y 轴镜像	G80	接触感知
G07	X,Y 轴交换	G82	半程移动
G08	X 轴镜像,Y 轴镜像	G84	微弱放电找正
G09	X 轴镜像,X,Y 轴交换	G90	绝对尺寸
G10	Y 轴镜像,X,Y 轴交换	G91	相对尺寸
G11	X 轴镜像,Y 轴镜像,X,Y 轴交换	G92	定起点
G12	消除镜像	M00	程序暂停
G40	取消间隙补偿	M02	程序结束
G41	左偏间隙补偿	M05	接触感知解除
G42	右偏间隙补偿	M96	主程序调用文件程序
G50	消除锥度	M97	主程序调用文件结束
G51	锥度左偏	W	下导轮到工作台面高度
G52	锥度右偏	H	工作厚度
G54	加工坐标系 1	S	工作台面到上导轮高度

(3)常用 G 指令

1)坐标设置指令 G90,G91 与 G92

G90:绝对坐标指令。采用本指令后,后续程序段的坐标值都应按绝对坐标方式编程,即所有点的表示数值都是在编程坐标系中的点坐标值,直到执行 G91 为止。

G90 指令程序格式为 G90。

G91:相对坐标指令。采用本指令后,后续程序段的坐标值都应按增量方式编程,即所有点的表示数值均以前一个坐标位置作为起点来计算运动终点的位置矢量,直到执行 G90 为止。

G91 指令程序格式为 G91。

G92:设置当前点坐标指令。一般用于指定加工程序起点的坐标值,G92 后面跟的 X,Y 坐标值,即为当前点的坐标值。

G92 指令程序格式为

G92　X　　　　Y

2）坐标设定指令 G54

G54 是程序坐标系设置指令。一般以零件原点作为程序的坐标原点。程序零点坐标存储在机床的控制参数区。程序中不设置此坐标系,而是通过 G54 指令调用。

G54 指令程序格式为 G54。

3）快速定位指令 G00

在线切割机床不加工情况下,G00 指令是使电极丝按线切割机床最快速度沿直线或折线移动到目标位置。其速度取决于线切割机床。

G00 指令程序格式为

G00　　X　　　　　Y

4）直线插补指令 G01

G01 指令可使线切割机床在各个坐标平面内加工任意斜率直线轮廓和用直线段逼近曲线轮廓。

G01 指令程序格式为

G01　　X　　　　　Y

目前,可加工锥度的电火花线切割数控机床具有 X,Y 坐标轴及 U,V 附加轴坐标工作台,其程序段格式为

G01　　X　　　　　Y　　　　　U　　　　　V

5）圆弧插补指令 G02 与 G03

G02 和 G03 指令用于切割圆或圆弧,其中,G02 为顺时针圆弧插补指令,G03 为逆时针圆弧插补指令。其程序格式为

G02　X　　　Y　　　　I　　　J　　　　或　G02　X　　　　Y　　　　　R
G03　X　　　Y　　　　I　　　J　　　　或　G03　X　　　　Y　　　　　R

X, Y 坐标值为圆弧终点的坐标值。用绝对方式编程时,其值为圆弧终点的绝对坐标;用增量方式编程时,其值为圆弧终点相对于起点的坐标。

I 和 J 是圆心坐标。用绝对方式或增量方式编程时,I 和 J 的值均为在 X 方向和 Y 方向上,圆心相对于圆弧起点的增量尺寸。

在圆弧编程中,也可直接给出圆弧的半径 R,而无须计算 I 和 J 值。但在圆弧圆心角大于 180°时, R 的值应加负号(−)。

6）间隙补偿指令 G40, G41 与 G42

G41 为左偏补偿指令,是指以加工轨迹进给方向为正方向,沿轮廓左侧让出一个给定的偏移量。

G41 指令程序段格式为

G41　　　D

G42 为右偏补偿指令,是指以加工轨迹进给方向为正方向,沿轮廓右侧让出一个给定的偏移量。

G42 指令程序段格式为

G42　　　D

G40 为取消间隙补偿指令。另外,也可通过开启一个补偿指令代码来关闭另一个补偿指令代码,如图 5.27 所示。

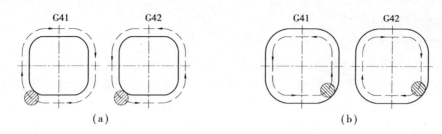

图 5.27　电极丝左补偿和右补偿加工指令示意图

(a)凸模类零件加工　(b)凹模类零件加工

5.3.4　计算机辅助编程

当今线切割技术正朝着现代化、智能化方向发展,随着计算机技术的飞速发展,新近生产的数控线切割机床大多数都配置了计算机辅助编程系统。早期生产的机床,也逐步配上了计算机辅助编程系统。线切割计算机辅助编程系统类型较多,按输入方式的不同,大致可分为以下 6 种:

①采用语言输入。

②采用中文或西文菜单及语言输入。

③采用 AutoCAD 方式输入。

④采用鼠标器按图形标注尺寸输入。

⑤用数字化仪输入。

⑥用扫描仪输入。

从输出方式看,大部分都能输出 3B 或 4B 程序、显示图形、打印程序、打印图形等。有的还能输出 ISO 代码,同时把编出的程序直接传输到线切割控制器。另外,还有兼具编程与控制两大功能的系统。目前线切割的 CAM 软件较多,国产的主要有 YH 与 CAXA 线切割等,国外的有 UG,MasterCAM 等。

(1) YH 编程系统简介

YH 绘图式线切割自动编程系统是采用先进的计算机绘图技术,融绘图、编程于一体的线切割编程系统。YH 编程系统具有以下特点:

①采用全绘图式编程,只要按被加工零件图样上标注的尺寸在计算机屏幕上作图输入,即可完成自动编程,输出 3B 或 ISO 代码切割程序,无须硬记编程语言规则。

②使用鼠标就可以完成全部编程,过程直观明了,必要时也可用计算机键盘输入。

③能显示图形,有中英文对照提示,用弹出式菜单和按钮操作。

④具有图形编辑和几何图形的交、切点坐标求解功能,二切、三切圆生成功能,免除了烦琐的人工坐标点计算。

⑤具有自动尖角修圆、过渡圆处理、非圆曲线拟合、齿轮生成、大圆弧处理以及 ISO 代码与 3B 代码的相互转换等功能。

⑥具有跳步模设定、对各型框作不同的补偿处理、切割加工面积自动计算等功能。

⑦编程后的 ISO 代码或 3B 程序,可输出打印,并且可直接输入到线切割控制器,控制线切割机床进行加工。

(2) CAXA 线切割软件简介

CAXA 线切割软件是集 CAD 与 CAM 功能于一体的集成软件。其主要功能分 CAD 部分与 CAM 功能两大块。

1)CAD 部分的功能

①强大的智能化图形绘制和编辑功能

点、直线、圆弧、矩形、样条线、等距线、椭圆、公式曲线等图素的绘制均采用"以人为本"的智能化设计方案,可根据不同的已知条件,而采用不同的绘图方式。

图素编辑功能则处处体现"所见即所得"的智能化设计思想,提供了裁剪、旋转、拉伸、阵列、过渡、粘贴等功能。

②支持实物扫描输入

CAXA 线切割软件支持 BMP,GIF,JPG,PNG,PCX 格式的图形矢量化(见图 5.28),生成可进行加工编程的轮廓图形,此功能解决了复杂曲线切割问题。原来一些难以加工甚至不能加工的零件,现在可通过扫描仪输入,保存为 CAXA 线切割软件所能处理的图形文件格式,再通过位图矢量化功能对该图形进行处理,转换为 CAD 模型,使复杂零件的线切割成为现实。

图 5.28　图形矢量化

③丰富的数据接口

CAXA 线切割软件可非常方便地与其他 CAD 软件进行数据交换,如 AutoCAD 文档、AutoP 文档等。目前,CAXA 线切割软件支持的文件格式有 DWG,DXF,WMF,IGES,DAT 及 HPGL 等。

④特征点的自动捕捉

在绘图过程中,可方便地捕捉到各种图素的端点、中点、圆心、交点、切点、垂足点、最近点、孤立点及象限点等。

⑤种类齐全的参数化图库

用户可方便地调出多种标准件的图形及预先设定好的常用图符,大大加快了绘图速度,并减轻了绘图负担。

⑥完美的图纸管理系统

CAXA 线切割软件的图纸管理功能可按产品的装配关系建立层次清晰的产品树,将散乱、独立的图纸文件组织到一起,通过多个视图显示产品结构、图纸的标题栏、明细表信息、预览图形等。

⑦实用的局部参数化设计

当用户在设计产品时,发现局部尺寸要进行修改,只需选取要修改的部分,输入准确的尺寸值,系统就会自动修改图形,并且保持几何约束关系不变。

⑧齿轮花键设计功能

只需给定参数,系统将自动生成齿轮、花键,极大地方便了设计者的绘图操作。

⑨全面开放的平台

CAXA 线切割软件为用户提供了专业且易用的二次开发平台,全面支持 VC6.0,用户可随心所欲地扩展 CAXA 线切割软件的功能,并可编写自己的计算机辅助软件。

2)CAM 部分的功能

①方便有效的后置处理设置

CAXA 线切割软件针对不同的机床,可设置不同的机床参数和特定的数控代码,在进行参数设置时无须学习专用语言,便可灵活地设置机床参数。

②逼真的轨迹仿真功能

系统通过轨迹仿真功能,能逼真地模拟从起切到加工结束的全过程,并能直观地检查程序运行状况。

③直观的代码反读功能

CAXA 线切割软件可将生成的代码反读进来,生成加工轨迹图形,由此可对代码的正确性进行检验。另外,该功能可对手工编写的程序进行代码反读,故 CAXA 线切割代码校核功能可作为线切割手工编程模拟检验器来使用。

④优越的程序传输方式

可将计算机与机床直接联机,将程序发送到控制器上,CAXA 线切割软件采用了多种程序传输方式,有应答传输、同步传输、串口传输、纸带穿孔等,能与国产的所有机床进行通信。

5.4　典型模具零件的数控电火花线切割加工

(1)编制数控线切割加工凸凹模程序

用 3B 格式编制如图 5.29 所示凸凹模(图示尺寸是根据刃口尺寸公差及凸凹模配合间隙计算出的平均尺寸)的数控线切割加工程序。凸凹模厚 30 mm,材料为 T10 A,电极丝为 ϕ0.18 mm 钼丝,单面放电间隙为 0.03 mm。

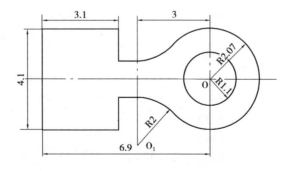

图 5.29　凸凹模

1)零件图工艺分析

经过分析图样,该零件外形尺寸较小,尺寸要求比较严格,而且内外两个型面都要加工,要保证较高的位置精度。编程时要注意偏移补偿的给定,并留足够的装夹位置。

2）确定装夹位置及进给路线

该零件尺寸较小，为了保证加工精度和安装方便，毛坯尺寸可适当放大。安装时，采用悬臂装夹。为了减小内应力对加工精度的影响，要选择合适的进给路线，如图 5.30 所示。编程时，坐标系原点设置在圆孔中心，外形切割穿丝孔设置在毛坯内部，进给路线是先切割内孔，再切割外形。

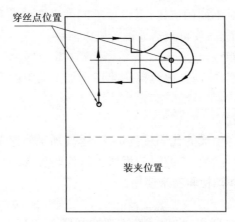

图 5.30　进给方向和装夹位置

3）补偿间隙计算

补偿距离为 $f = (r_{钼} + \delta_{电}) = \left(\dfrac{0.18}{2} + 0.03\right)$ mm = 0.12 mm

4）程序编制

①利用 CAXA 线切割 V2 版绘图软件绘制零件图。

②生成加工轨迹并进行轨迹仿真。生成切割轨迹时，注意穿丝点的位置，可用轨迹跳步。

③生成 3B 代码程序。程序如下：

O0001

B980	B0	B980	GX L1	（穿丝，开始切割内孔）
B980	B0	B3920	GY NR1	
B980	B0	B980	GX L3	
D				（暂停，拆卸钼丝）
B6900	B4050	B6900	GX L3	（空走）
D				（暂停，重新装上钼丝）
B120	B1880	B1880	GY L2	（开始加工外形）
B0	B4340	B4340	GY L2	
B3340	B0	B3340	GX L1	
B0	B1300	B1300	GY L4	
B680	B0	B680	GX L1	
B0	B1880	B610	GY NR4	
B1614	B1480	B5800	GY SR2	
B1386	B1270	B1386	GX NR1	
B680	B1	B680	GX L3	

B0	B1300	B1300	GY L4
B3340	B0	B3340	GX L3
B120	B1880	B1880	GY L4
DD			（加工结束）

5）调试线切割机床

调试线切割机床应校正钼丝的垂直度，检查工作液循环系统及运丝机构是否正常。

6）装夹工件及加工

①将坯料装在坐标工作台上，保证有足够的装夹余量，用压板压紧。然后用百分表找正。

②将电极丝从穿丝孔中穿入，找正穿丝孔中心位置，准备切割。

③选择合适的电参数，进行切割。

该零件为冲裁模工作零件，表面质量要求较高，故选择切割参数为幅值电压 75 V，脉冲宽度选择第四挡（50 μs），功率管选择 3 个。

加工时，应注意电流表、电压表数值稳定，进给速度应均匀。

（2）编制数控线切割加工凹模刃口部分程序

线切割加工如图 5.31 所示凹模的刃口部分，刃口尺寸公差取 IT8 级，材料为 Cr12。采用直径为 ϕ0.18 mm 的电极丝，单边放电间隙取 0.03 mm。用 3B 格式编制其线切割加工程序。

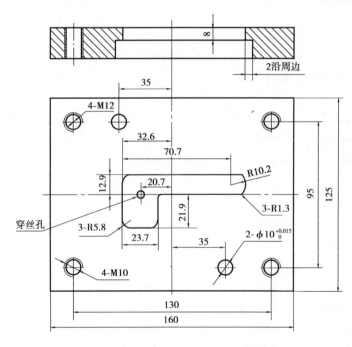

图 5.31　凹模

1）零件图工艺分析

该零件为冲模工作零件，凹模刃口部分尺寸精度要求较高，而且与外形有位置要求。编程时，要注意偏移补偿的给定。

线切割加工为凹模加工最后精加工工序，线切割加工前，其余工序都应加工完毕，并且在磨床上磨好线切割加工定位基准面。

149

2）确定装夹方式及穿丝孔位置

凹模外形尺寸较大，装夹方便，可采用双端支撑方式装夹。穿丝孔直径为 $\phi3$ mm，位置要加工准确，加工前必须将钼丝移到如图5.32所示位置，以保证凹模刃口的位置精度。

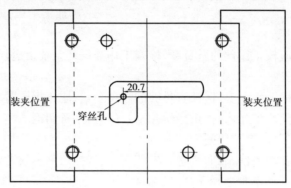

图5.32　穿丝孔和装夹位置

3）补偿间隙计算

补偿距离为 $f = \left(r_{钼} + \delta_{电} \right) = \left(\dfrac{0.18}{2} + 0.03 \right)$ mm $= 0.12$ mm

4）程序编制

①利用 CAXA 线切割 V2 版绘图软件绘制零件图。

②生成加工轨迹并进行轨迹仿真。生成切割轨迹时，注意穿丝点的位置。

③生成 3B 代码程序。程序如下：

O0002

B11750	B0	B11750	GX	L3	（穿丝，开始切割）
B0	B7010	B7010	GY	L2	
B5660	B0	B5660	GX	SR2	
B72198	B0	B72198	GX	L1	
B0	B1190	B507	GY	SR1	
B8223	B5768	B11536	GY	SR1	
B974	B683	B974	GX	SR4	
B52548	B0	B52548	GX	L3	
B0	B1810	B1810	GY	NR2	
B0	B14430	B14430	GY	L4	
B5660	B0	B5660	GX	SR4	
B12180	B0	B12180	GX	L3	
B0	B5660	B5660	GY	SR3	
B0	B16120	B16120	GY	L2	
B11750	B0	B11750	GX	L1	
DD					（加工结束）

5）调试线切割机床

调试线切割机床应校正钼丝的垂直度，检查工作液循环系统及运丝机构是否正常。

6）装夹工件及加工

①将凹模装在坐标工作台上，保证有足够的装夹余量，用压板压紧，然后用百分表找正。

②找正钼丝与凹模基准的位置，将电极丝从穿丝孔中穿入，准备切割。

③选择合适的电参数，进行切割。

该零件为冲裁模工作零件，表面质量要求较高，但切割厚度较小，故选择切割参数为幅值电压 75 V，脉冲宽度选择第三挡（30 μs），功率管选择两个。

加工时，应注意电流表、电压表数值稳定，进给速度应均匀。

5.5　数控电火花线切割机床的基本操作

本节主要以苏州长风 DK7725E 型线切割机床为例，说明数控电火花线切割机床的基本操作。

5.5.1　线切割机床本体面板按钮操作

DK7725E 型线切割机床的操作面板如图 5.33 所示。

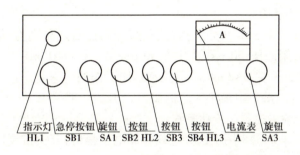

| 指示灯 | 急停按钮 | 旋钮 | 按钮 | 按钮 | 按钮 | 电流表 | 旋钮 |
| HL1 | SB1 | SA1 | SB2 HL2 | SB3 | SB4 HL3 | A | SA3 |

图 5.33　DK7725E 型线切割机床操作面板

（1）开机顺序

①合上线切割机床主机上电源总开关。

②松开线切割机床电气面板上急停按钮 SB1。

③合上控制柜上电源开关，进入线切割机床控制系统。

④按要求装上电极丝。

⑤逆时针旋转 SA1。

⑥按 SB2，启动运丝电机。

⑦按 SB4，启动冷却泵。

⑧顺时针旋转 SA3，接通脉冲电源。

（2）关机顺序

①逆时针旋转 SA3，切断脉冲电源。

②按下急停按钮 SB1，运丝电机和冷却泵将同时停止工作。

③关闭控制柜电源。

④关闭线切割机床主机电源。

5.5.2 线切割机床电气柜面板操作

(1)DK7725E 型线切割机床电气柜面板简介

线切割机床电气柜脉冲电源操作面板如图 5.34 所示。

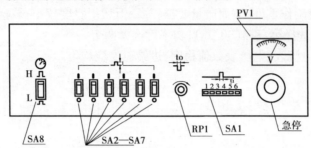

图 5.34 DK7725E 型线切割机床脉冲电源操作面板

SA1—脉冲宽度选择;SA2—SA7—功率管选择;SA8—电压幅值选择;
RP1—脉冲间隔调节;PV1—电压幅值指示;急停按钮—按下此键,线
切割机床运丝、水泵电动机全停,脉冲电源输出切断

(2)电气柜按钮功能简介

①脉冲宽度选择开关 SA1 共分六挡,从左边开始往右边分别为:第一挡:5 μs;第二挡:15 μs;第三挡:30 μs;第四挡:50 μs;第五挡:80 μs;第六挡:120 μs。

②功率管个数选择开关 SA2—SA7 可控制参加工作的功率管个数,如 6 个开关均接通,6 个功率管同时工作,这时峰值电流最大。例如,5 个开关全部关闭,只有一个功率管工作,此时峰值电流最小。每个开关控制一个功率管。

③幅值电压选择开关 SA8 用于选择空载脉冲电压幅值,开关按至"L"位置,电压为 75 V 左右,按至"H"位置,则电压为 100 V 左右。

④改变脉冲间隔调节电位器 RP1 阻值,可改变输出矩形脉冲波形的脉冲间隔,即能改变加工电流的平均值,电位器旋置最左,脉冲间隔最小,加工电流的平均值最大。

⑤电压表 PV1,由 0～150 V 直流表指示空载脉冲电压幅值。

5.5.3 控制系统面板

DK7725E 型线切割机床配有 CNC-10A 自动编程和控制系统。

(1)CNC-10 A 控制系统界面示意图

如图 5.35 所示为 CNC-10A 控制系统界面。在计算机桌面上双击 YH 图标,即可进入 CNC-10A 控制系统。按"Ctrl + Q"退出控制系统。

(2)CNC-10A 控制系统功能及操作详解

本系统所有的操作按钮、状态、图形显示全部在屏幕上实现。各种操作命令均可用轨迹球或相应的按键完成。鼠标器操作时,可移动鼠标器,使屏幕上显示的箭状光标指向选定的屏幕按钮或位置,然后用鼠标器左键单击,即可选择相应的控制功能,如表 5.6(参见图 5.35)所示。

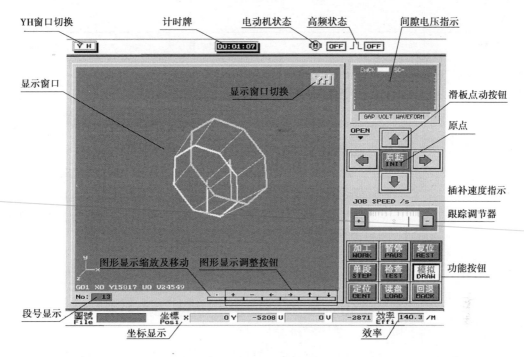

图 5.35　CNC-10A 控制系统主界面

表 5.6　CNC-10A 控制系统控制功能介绍

按键符号	功能及使用方法
显示窗口	该窗口下用来显示加工工件的图形轮廓、加工轨迹或相对坐标、加工代码
显示窗口切换	用光标点取显示窗右上角的"显示切换标志"（或"F10"键），显示窗依次为图形显示、相对坐标显示、代码显示（模拟、加工、单段工作时不能进入代码显示方式）。在代码显示状态下用光标点取任一有效代码行，该行即亮，系统进入编辑状态，显示调节功能钮上的标记符号变成：S,I,D,Q,↑,↓，各按钮的功能变换成 S—代码存盘；I—代码倒置（倒走代码变换）；D—删除当前行（点亮行）；Q—退出编辑状态；↑—向上翻页；↓—向下翻页 在编辑状态下，可对当前点亮行进行输入、删除操作（键盘输入数据）。编辑结束后，按"Q"键退出，返回图形显示状态
间隙电压指示	显示放电间隙的平均电压波形（也可设定为指针式电压表方式）。在波形显示方式下，指示器两边各有一条 10 等分线段，空载间隙电压定为 100%（即满幅值），等分线段下端的黄色线段指示间隙短路电压的位置。波形显示的上方有两个指示标志：短路回退标志"BACK"，该标志变红色，表示短路；短路率指示，表示间隙电压在设定短路值以下的百分比
电动机状态	在电动机标志右边有状态指示标志 ON（红色）或 OFF（黄色）。ON 状态，表示电动机上电锁定（进给）；OFF 状态，为电动机释放。用光标点取该标志可改变电动机状态（或用数字小键盘区的"Home"键）

153

续表

按键符号		功能及使用方法
高频状态		在脉冲波形图符右侧有高频电压指示标志。ON(红色),OFF(黄色)表示高频的开启与关闭;用光标点该标志可改变高频状态(或用数字小键盘区的"PgUp"键)
滑板点动按钮		屏幕右中部有上、下、左、右向4个箭标按钮,可用来控制线切割机床点动运行。若电动机为"ON"状态,光标点取这4个按钮可控制线切割机床按设定参数作X,Y或U,V方向点动或定长走步。在电动机失电状态"OFF"下,点取移动按钮,仅用作坐标计数
原点		用光标点取该按钮(或按"I"键)进入回原点功能。若电动机为ON状态,系统将控制滑板和丝架回到加工起点(包括"U-V"坐标),返回时取最短路径;若电动机为OFF状态,光标返回坐标系原点
功能按钮	加工	工件安装完毕,程序准备就绪后(已模拟无误),可进入加工。用光标点取该按钮(或按"W"键),系统进入自动加工方式
	暂停	用光标点取该按钮(或按"P"键或数字小键盘取的"Del"键),系统将终止当前的功能(如加工、单段、控制、定位、回退)
	复位	用光标点取该按钮(或按"R"键)将终止当前一切工作,消除数据和图形,关闭高频电压和电动机
	单段	用光标点取该按钮(或按"S"键),系统自动打开电动机、高频电压,进入插补工作状态,加工至当前代码段结束时,系统自动关闭高频电压,停止运行。再按"单段",继续进行下段加工
	检查	用光标点取该按钮(或按"T"键),系统以插补方式运行一步,若电动机处于ON状态,线切割机床滑板将作响应的一步动作,在此方式下可检查系统插补及线切割机床的功能是否正常
	模拟	模拟检查功能可检验代码及插补的正确性
	定位	系统可依据线切割机床参数设定,自动定中心及±X,±Y 4个端面
	读盘	将存有加工代码文件的软盘插入软驱中,用光标点取该按钮(或按"L"键),屏幕将出现磁盘上存储全部代码文件名的数据窗。用光标指向需读取的文件名,轻点左键,该文件名背景变成黄色;然后用光标点取该数据窗左上角的"口"(撤销)钮,系统自动读入选定的代码文件,并快速绘出图形。该数据窗的右边有上、下两个三角标志"△"按钮,可用来向前或向后翻页,当代码文件不在第一页中显示时,可用翻页来选择
	回退	系统具有自动/手动回退功能
跟踪调节器		该调节器用来调节跟踪的速度和稳定性,调节器中间红色指针表示调节量的大小;表针向左移动,位跟踪加强(加速);向右移动,位跟踪减弱(减速)。指针表两侧有两个按钮," +"按钮(或"End"键)加速," –"按钮(或"PgDn"键)减速
段号显示		此处显示当前加工的代码段号,也可用光标点取该处,在弹出屏幕小键盘后,键入需要起割的段号(注:锥度切割时,不能任意设置段号)

按键符号	功能及使用方法
图形显示调整按钮	这 6 个按钮有双重功能,在图形显示状态时,其功能依次为: " +"或 F2 键:图形放大 1.2 倍 " -"或 F3 键:图形缩小 0.8 倍 "←"或 F4 键:图形向左移动 20 单位 "→"或 F5 键:图形向右移动 20 单位 "↑"或 F6 键:图形向上移动 20 单位 "↓"或 F7 键:图形向下移动 20 单位
坐标显示	屏幕下方"坐标"部分显示 X,Y,U,V 的绝对坐标值
效率	此处显示加工的效率,单位:mm/min
YH 窗口切换	光标点取该标志或按"Esc"键,系统转换到绘图式编程屏幕
图形显示缩放及移动	在图形显示窗下有小按钮,从最左边算起分别为对称加工、平移加工、旋转加工及局部放大窗开启/关闭(仅在模拟或加工态下有效),其余依次为放大、缩小、左移、右移、上移、下移,可根据需要调整在显示窗口中图形的大小及位置
计时牌功能	系统在"加工""模拟""单段"工作时,自动打开计时牌。终止插补运行,计时自动停止。用光标点取计时牌,或按"O"键可将计时牌清零

5.5.4　线切割机床的调整

电火花线切割加工前或对线切割机床定期检查时,必须对线切割机床进行调整。其调整包括以下 6 个方面:

(1)线切割机床的水平调整

线切割机床比较小巧,其本体用垫块垫起即可。新机床或是使用一段时间后,需要用水平仪检查线切割机床的水平情况。

(2)导轮、挡块和导电块的调整

加工前,应仔细检查导轮,注意导轮 V 形槽的磨损情况,若磨损严重,将会导致加工时钼丝的抖动,造成断丝情况的发生或影响工件的加工精度。导轮轴承为易损零件,需要定期检查更换。一般轴承为 2~3 个月定期检查一次,导轮为 6~12 个月定期检查一次。对于挡块,要注意检查钼丝是否在挡块之间,这样可保证钼丝不会偏斜。对于导电块,应注意及时清理黏附在上面的电蚀物。

(3)工作液的调整

线切割加工中,应密切注意工作液的浓度和导电率指标。一般来说,当切割薄的工件时,乳化液的浓度可稍高些;切割厚的工件时,乳化液的浓度应稀一些,以增加乳化液的流动性和清洗能力,否则会造成电蚀物不能及时排出,从而导致短路情况的出现。

(4)工件基准和钼丝垂直调整

工件在线切割前应加工好基准面,在工件装夹时,用百分表进行校准。钼丝垂直的校准可采用钼丝垂直校准器来完成。

（5）电规准的设置

电规准设置是否恰当将会对加工工件的表面质量、精度及切割速度有较大影响。增加脉冲宽度，减小脉冲间隔，增大脉冲电压的幅值，提高峰值电流都将使切割速度提高，但是会使工件的表面质量和精度降低，电极丝的损耗也会变大；反之，则可改善表面质量，提高加工精度及减小电极丝的损耗。

（6）线切割加工中的调整

线切割加工过程中，应密切留意电火花的大小和工作液的流量，应使工作液包住电极丝，这样有利于电蚀物的排出。

5.5.5　电火花线切割加工操作流程

加工前，先准备好工件毛坯、压板、夹具等装夹工具。若需要切割内孔工件，毛坯应预先打好穿丝孔，然后按以下步骤操作：

①合上线切割机床主机上电源开关。

②合上线切割机床控制柜上电源开关，启动计算机，双击计算机桌面上 YH 图标，进入线切割控制系统。

③解除线切割机床主机上的急停按钮。

④按线切割机床润滑要求加注润滑油。

⑤开启线切割机床空载运行两分钟，检查其工作状态是否正常。

⑥按所加工零件的尺寸、精度、工艺等要求，在线切割机床自动编程系统中编制线切割加工程序，并送控制台。或手工编制加工程序，并通过软驱读入控制系统。

⑦在控制台上对程序进行模拟加工，以确认程序准确无误。

⑧工件装夹。

⑨开启储丝筒。

⑩开启冷却液。

⑪选择合理的电加工参数。

⑫手动或自动对刀。

⑬点击控制台上的"加工"键，开始自动加工。

⑭加工完毕后，按"Ctrl + Q"键退出控制系统，并关闭控制柜电源。

⑮拆下工件，清理机床。

⑯关闭线切割机床主机电源。

5.5.6　电火花线切割加工的安全技术规程

根据 DK7725E 型线切割机床的操作特点，制订以下操作规程：

①操作者初次操作线切割机床，须仔细阅读线切割机床《实训指导书》或线切割机床操作说明书。

②手动或自动移动坐标工作台时，必须注意钼丝位置，避免钼丝与工件或工装产生干涉而造成断丝。

③用线切割机床控制系统的自动定位功能进行自动找正时，必须关闭高频电压，否则会烧丝。

④关闭储丝筒时,必须停在两个极限位置(左或右)。

⑤装夹工件时,必须考虑本线切割机床的工作行程,加工区域必须在线切割机床行程范围之内。

⑥工件及装夹工件的夹具高度必须低于线切割机床线架高度,否则,加工过程中会发生工件或夹具撞上线架而损坏线切割机床。

⑦支撑工件的工装位置必须在工件加工区域之外,否则,加工时会连同工件一起割掉。

⑧工件加工完毕,必须关闭高频电压。

⑨经常检查导轮、排丝轮、轴承、钼丝、切割液等易损、易耗件(品),发现损坏,及时更换。

第**6**章
自动编程

6.1 概 述

前面章节讲述的都是手工编程,手工编程适用于点位加工或者几何形状简单的零件。当形状复杂,特别是具有非圆曲线、列表曲线及由曲面组成的零件,手工编程就比较困难,甚至手工编程无法完成,此时就必须采取自动编程方法。

自动编程是利用计算机专用软件编制零件的数控加工程序。目前,常用的自动编程软件有Master CAM,Pro/ENGINEER,UG,Cimatron E 等。本章以 Cimatron E 软件为例,以典型模具零件为载体,介绍自动编程的内容和步骤。通过本章学习,掌握基本的 CAM 编程方法和技巧。

Cimatron E 软件是以色列 Cimatron 软件有限公司开发的集成 CAD/CAM 软件产品。Cimatron E 软件以其编程操作简单、智能化程度高、刀路计算速度快、生成刀路轨迹安全、加工效率高等优点,广泛应用于模具数控加工领域。

6.2 Cimatron E 数控编程入门

6.2.1 Cimatron E 编程的工作环境

(1)进入编程加工窗口

进入编程加工窗口的方式有以下 3 种:

1)新建文件,调入模型

选择"文件"→"新建文件"命令,在弹出的"新建文档"对话框中选择"类型"为"编程",如图 6.1 所示,再单击"确定"按钮,即可打开编程工作窗口。然后使用调入模型功能,将已经完成的模型输入当前文件中来建立刀具路径。

2)新建文件,创建模型

选择"文件"→"新建编程文件"命令,打开编程工作窗口,再单击 图标切换到 CAD 模

图 6.1　新建编程文件

式,如图 6.2(a)所示;另外,也可选择"文件"→"环境"→CAD 命令进入 CAD 模式。建立 2D
或 3D 图形,再单击图图标切换到 CAM 模式来建立刀具路径,如图 6.2(b)所示,或者选择"文
件"→"环境"→CAM 命令返回 CAM 模式。使用这种方法进入 NC 加工方式,事先不需画出
加工零件图形,直接使用 CAD 功能建立图形后再进行编程。

（a）　　　　　　　　　　　　（b）

图 6.2　工作方式切换

3)从模型输出到加工

Cimatron E 零件模块建立零件模型后,直接输出到加工模块编程。其操作步骤为选择
"文件"→"输出"→"到加工"命令,如图 6.3 所示。此时,将直接打开编程窗口,指定编程原
点位置后即可开始建立刀具路径。

（2）工作模式及转换

Cimatron E 编程加工有两种方式,即向导方式图和高级模式图两种。两种方式可方便
地进行切换,向导方式是默认的工作方式。可通过以下两种方式进行切换:

①选择"视图"→"面板"→"向导模式(高级模式)"命令,如图 6.4 所示。

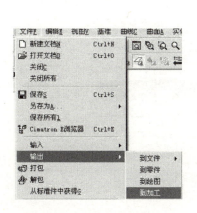

图 6.3　输出到加工

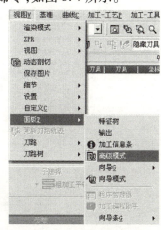

图 6.4　菜单模式选择

②通过在"加工"工具条中单击图标进行切换,单击图标 切换到高级模式,单击 切换到向导模式。

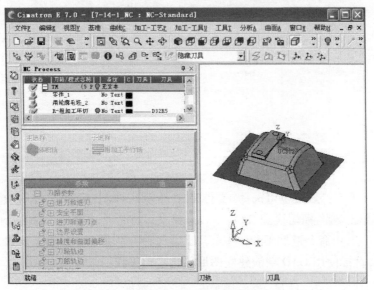

图6.5　编程工作界面

(3)工作界面

1)工作界面

如图6.5所示为高级模式下的编程工作界面,可看到主菜单、工具条、绘图区及提示区等区域,与编程有关的有向导栏、程序管理区和程序参数区。

2)加工菜单和加工工具条

在编程方式下,主菜单中包括标准菜单和通用菜单,除"文件""显示"和"工具"等外,有专门的编程功能菜单项,包括"加工-工艺"和"加工-工具",分别如图6.6(a)、图6.6(b)所示。而工具条中的通用加工则以图标的方式对应显示了"加工-工艺"和"加工-工具"的菜单功能,如图6.7所示。

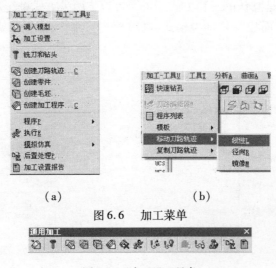

　　　(a)　　　　　　　　　　(b)

图6.6　加工菜单

图6.7　"加工"工具条

6.2.2 Cimatron E 编程步骤

使用向导方式可按照编程向导栏的编程工具按钮依次操作,从调入一个几何模型开始,定义刀具、定义产品和毛坯,创造刀路轨迹和加工程序,进行加工模拟并且输出加工代码,一步一步地完成 Cimatron E 的数控加工过程。

(1)调入模型

单击屏幕左侧通用加工工具条中的"导入模型" 图标,系统将打开 Cimatron E 浏览器,如图 6.8 所示。选择文件路径和文件名,单击"选择"按钮,或者直接双击文件名即可调入该模型。

图 6.8　导入模型

如果加工编程零件模型是其他通用 CAD 软件绘制,如 PROE,UG,CATIA 等软件,需将零件图形另存为 IGES,STEP 等文件格式,然后在 Cimatron E 零件模式下使用数据接口命令先读进零件模型,设置好编程坐标系,保存后,才能在编程模式下调入该零件模型。

加载文档时,需要选择或调整编程坐标系,如图 6.9 所示"特征向导"对话框。一般在零件建模环境规划并创建好编程坐标系,此时只需选择图形中的编程坐标系即可。

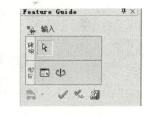

图 6.9　模型放置向导栏

(2)定义刀具

单击屏幕左侧通用加工工具条中的"创建铣刀与夹头"图标 ,屏幕上弹出"刀具与卡头"对话框,如图 6.10 所示,即可从中定义所需刀具的名称、直径、刀具号、刃长、刀长等参数。

1)刀具类型与参数

在 Cimatron E 中,可定义的刀具几何类型中,有铣刀 6 种,钻头 1 种,如图 6.11 所示。

①铣刀的几何参数

在 Cimatron E 的铣刀定义中,有 6 种类型的铣刀,其中以锥形环形刀的参数最多,其刀具参数选项如图 6.12 所示。其余刀具定义中的参数、参数含义与该刀具相同。在模具数控加工中,以平底刀、球刀、环形刀应用最广泛。刀具几何参数说明如下:

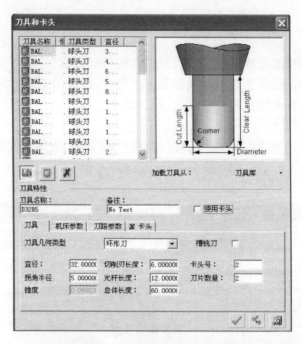

图 6.10　刀具与卡头对话框

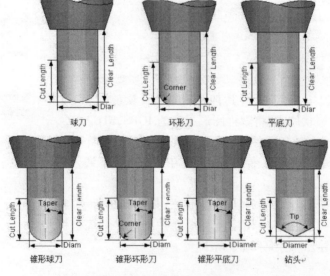

图 6.11　刀具类型示意图

图 6.12　刀具参数

a. 直径。直径决定铣刀的刀刃直径。对于锥度铣刀而言,刀具直径是指其下端部的直径。

b. 拐角半径。拐角半径是指刀具端部角落的圆弧半径。平底刀的拐角半径为0,而球头刀的拐角半径为刀刃直径的1/2。

c. 锥度。锥度为刀具侧边锥角,是主轴与侧边所形成的夹角。设置锥度时,刀具外形为上粗下细。锥度不能设为负值。

d. 切削刃长度。为刀具齿部的轴向长度。在计算刀路时,如果吃刀深度大于切削刃长度,Cimatron E 将停止计算。

e. 光杆长度。铣刀实际长度,包括刀刃及刀柄等部分的总长度。

f. 总体长度。刀具从端部开始到机床夹具端部的总长度。一般情况下,刀具长度参数并不影响刀具路径计算,主要用于判断是否会发生干涉。

g. 刀片数量。即刃数,设置刃数可方便在设置机床进给参数时进行自动计算。

h. 卡头号。卡头号数值用于 LOAD/TOOL 加载刀具指令。

②钻头的几何参数

钻头加工刀具包括多种刀具,如麻花钻、铰刀、锪钻和丝锥等。在创建刀具时将刀具几何类型设置为钻孔时,出现如图 6.13 所示对话框。钻孔参数中的尖角用于钻削深度的自动计算。

图 6.13 钻头参数

③卡头的参数设定

通过设定卡头参数,Cimatron E 能计算刀柄、机床主轴与工件之间的干涉,从而避免加工事故发生。这对于汽车模具深型腔加工尤为重要。

在"刀具和卡头"对话框中,单击"卡头"标签将进入"卡头"选项卡,如图 6.14 所示。

图 6.14 卡头参数

卡头形状如图 6.15 所示。在 Cimatron E 中,选择卡头将同时考虑刀柄和主轴。在卡头参数表中,左边列出了卡头号、刀柄和主轴,可设置每一段的大小和高度。

④加工参数和运动参数

在设置刀具时,可设置机床参数和运动参数,如图 6.16(a)、图 6.16(b)所示。这两组参数可设置该刀具切削加工时的参数。参数含义将在后面的刀路参数和机床参数中进行说明。

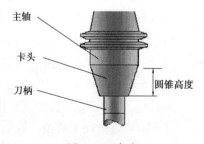

图 6.15 卡头

163

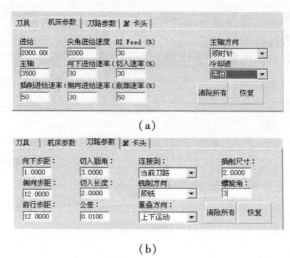

（a）

（b）

图 6.16　加工参数和运动参数

2）刀具管理

在 Cimatron E 中,有默认的刀具库,通过刀具管理可完成刀具的创建、更新、删除及加载等操作,并能创建用户自己的刀具库。

①新建刀具

在对话框中单击"新建刀具"按钮，然后在"刀具名称"文本框中输入刀具名称,在"备注"文本框中,输入说明文本。再在下面选择刀具几何类型,设置刀具几何参数,然后单击"应用"或"确定"按钮,即可完成刀具的创建。

②更新刀具

在刀具列表中,选择一个刀具,系统默认选择"更新刀具"图标。在"刀具特性"选项区域中,修改刀具参数,单击"应用"或"确定"按钮,即可完成刀具的更新。

③删除刀具

在刀具列表中,选择一个刀具,单击"删除刀具"图标，即从当前刀具库中将该刀具删除。但是,在加工程序中,用到的刀具不允许删除。

④加载刀具

Cimatron E 提供了两种加载刀具的方法,即从刀具库加载和从文件加载。该功能主要用于提高刀具创建的重用率,提高刀具创建的效率。

（3）创建刀路轨迹

刀路轨迹是加工程序的集合,这些加工程序共用一个给定的编程坐标系。

单击屏幕左侧通用加工工具条中的"创建刀路"图标，屏幕上弹出"创建刀路轨迹"对话框,如图 6.17 所示。在该对话框中,定义新建刀路的名称、选择加工类型、加工坐标系及输入起点参数。

①名称。输入刀路轨迹名称（该名称一般不需修改）。

②类型。选择加工类型。这里指使用的机床的加工轴数量。一般选择 3 轴。

③UCS。用户坐标系,即选择编程坐标系。可在图中拾取相应坐标系。

④起点。设定起点后,刀具加工程序将首先定位到该平面,然后开始进入加工。通常情

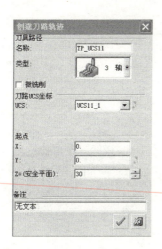

图 6.17　"创建刀路轨迹"对话框

图 6.18　"零件"对话框

况,X,Y 均取默认值 0,Z 为安全高度。在安全高度上,刀具可快速移动。

备注:可输入中文、英文或数字作为加工说明,也可不输入。

(4)创建零件

零件是加工中用来表示理想情况下的最终产品,用以比较实际加工结果与理想状态。零件并非一定要建立。

单击屏幕左侧通用加工工具条中的"创建零件" 图标,进入创建零件功能,屏幕上会弹出"零件"对话框,如图 6.18 所示。在对话框中,定义相应的参数即可建立零件。

①零件类型。根据曲面或文件建立零件系统默认为曲面选取,也可选择从文件方式建立零件。

②透明度。手动调整零件透明度。往" + "方向移动较透明,往" - "方向移动较不透明。

③自动预览。默认为开启,根据文件建立零件时才能关闭。

④参考零件尺寸。选取曲面后,系统会自动算出零件的最大 XYZ 尺寸,以供参考。

⑤拾取曲面数量。显示当前已经选择的曲面数量,包括手动拾取曲面数量和按规则拾取曲面数量以及总曲面数量。

⑥重置选择。重新选择建立零件的曲面。

单击"确定"按钮生成零件,零件出现在程序管理器中。在程序管理器中,可通过双击来显示零件(2D 轮廓线模型无法建立零件)。

(5)创建毛坯

当有定义毛坯时,可用来作为路径切削仿真的参考毛坯。另外,在某些加工方式下,必须要有毛坯工序。创建毛坯这一步骤不是必需的。

单击屏幕左侧通用加工工具条中的"创建毛坯" 图标,进入创建毛坯功能,屏幕上会弹出"初始毛坯"对话框,如图 6.19 所示。在对话框中,定义相应的参数即可建立毛坯。

①毛坯类型。可选择根据曲面、轮廓、方框、限制盒或从档案方式建立毛坯。系统默认为限制盒方式,自行生成一个能包容所有曲面的长方体,这是最常用的生成毛坯方法。如图 6.20 所示为使用限制盒生成毛坯的一个示例。

图 6.19 "初始毛坯"对话框

图 6.20 限制盒生成毛坯示例

②透明度。手动调整零件透明度。往"+"方向移动较透明,往"-"方向移动较不透明。

③自动预览。默认为开启,自动更新在图形区中的毛坯形状预览。

④参考毛坯尺寸。选取曲面后,系统会自动算出毛坯的最大 XYZ 尺寸,以供参考。

⑤第一角点。显示根据限制方框方式选取曲面第一个角落的 XYZ 坐标值。

⑥第二角点。显示根据限制方框方式选取曲面第二个角落的 XYZ 坐标值。

⑦所选曲面总数。显示为建立毛坯所选取曲面的数量。

⑧整体偏移。设定限制方框的整体补正值。默认值是 0,可按需要设定毛坯大小。

⑨重置选择。重新选择建立毛坯的曲面。

单击"确定"按钮生成毛坯,毛坯出现在程序管理器中,如图 6.21 所示。在程序管理器中,可通过双击来显示毛坯(毛坯必须建在程序之前,才能作为参考毛坯与路径最佳化选择)。

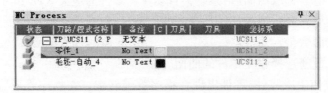

图 6.21 程序管理器中显示零件和毛坯

(6)创建程序

单击屏幕左侧通用加工工具条中的"创建一个程序" 图标,开始创建程序,编程模式为高级模式,如图 6.22 所示。

1)选择加工工序

加工工序由主选项和子选项组成,主选项按切削类型分类,有体积铣、曲面铣等多种类型。子选项按刀路形态分类,一般主选项下都有多个对应子选项,如图 6.23 所示。

每次建立加工程序时所选的主选项、子选项、铣削方式和相关参数均会被系统记忆,下次进入时默认的参数会和上一次所设定的参数相同。

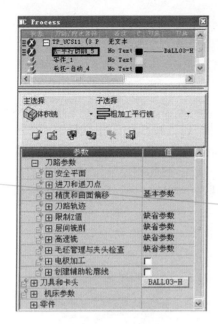

图 6.22　编程高级模式

图 6.23　选择加工工序

2）选择刀具

选择本程序加工用的刀具，如图 6.24 所示。该对话框与创建刀具对话框类似，在此可进行刀具的新建或者加载刀具，但不能删除刀具和修改刀具参数。

图 6.24　选择刀具

如果已经有创建好的刀具，则可在刀具列表中直接选择其中的一把作为当前使用的刀具。创建刀具后，应单击"应用"按钮，再进行下一步操作。

在图形区的坐标原点位置上将显示所选择的刀具，如图 6.25 所示。通过显示可判断刀具的大小是否合适。

图 6.25　刀具预览

3）选择加工对象

不同的加工方式其所需要选择的加工对象是有区别的。常见的加工对象包括边界、零件曲面、检查曲面等，并可分为可选和必选两种类型。可选的加工对象表示不是必需的，如进行体积铣时，边界就是可选的；而必选则是完成加工程序计算的必备条件。

如果需要选择限制边界，如进行凸模的粗加工时，应选择限制边界，单击边界数量按钮，就会弹出"轮廓"对话框，如图 6.26 所示。此时，在限制轮廓的任一边上单击，系统将自动串联选择在同一平面的边界，并以不同的颜色显示，如图 6.27 所示。单击鼠标中键确认当前的边界选择，再次单击鼠标中键退出轮廓选择。

图 6.26　选择轮廓

图 6.27　边界显示

单击零件曲面后的数量按钮，系统将切换到绘图区，并转换到选择状态，可在图形中选择加工的曲面。选择曲面时，可采用点选、框选、全选等方法进行曲面的选择，通常用全选的方法，以保证程序的安全性。

4）设置刀路参数

完成加工对象的选择后，单击 ⊞ **刀路参数** 图标中的"+"，在刀路参数表中从上到下进行参数值的设置，如图 6.28 所示。在对话框中，需要设定各种刀路的细节参数，它将影响刀路的形态，进而影响零件加工的效率和质量。不同的刀路轨迹，刀路参数将会不同。

图 6.28　刀路参数

5）设置机床参数

单击 ⊞ **机床参数** 图标中的"+"，按如图 6.29 所示设置主轴转速、进给速率等机床参数。

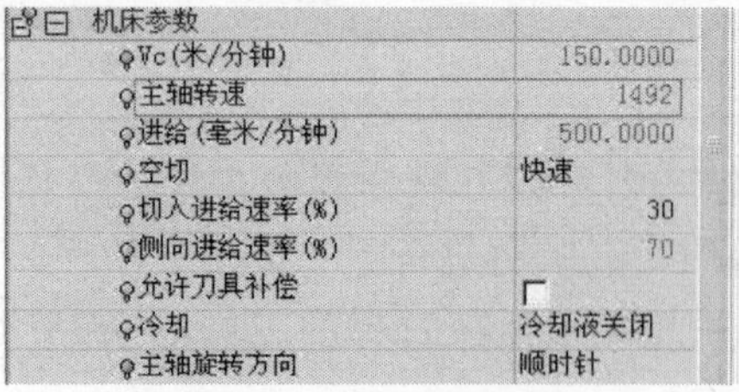

机床参数	
Vc(米/分钟)	150.0000
主轴转速	1492
进给(毫米/分钟)	500.0000
空切	快速
切入进给速率(%)	30
侧向进给速率(%)	70
允许刀具补偿	□
冷却	冷却液关闭
主轴旋转方向	顺时针

图 6.29　机床参数

6）保存程序

完成一个程序生成所需的所有参数的设置后，需保存此结果。其方式有以下两种：

①保存并关闭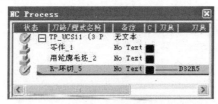。保存参数记录并退出向导，刀路轨迹并不立即运算。在程序管理器中，将显示刚生成的加工程序，如图6.30所示。其状态栏中显示的是黄色的"√"号，表示程序参数已经设置完成，但尚未执行。

图6.30　保存并关闭后的程序管理器

②保存并计算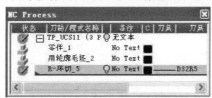。保存参数，并且立即运算当前刀路。计算完成后，在绘图区显示生成的刀路轨迹，同时在程序管理器中显示刚生成的加工程序，如图6.31所示。在状态栏中，显示的是绿色的"√"号，表示程序参数已经设置完成，并且已经运算执行。

图6.31　执行程序后的程序管理器

(7)执行程序

执行程序用于将创建的程序进行运算，生成刀路轨迹。对于编程熟练人员，往往喜欢将加工零件的刀路全部设置好，再让软件批量计算各刀路。一般计算刀路需花费较长的时间。

单击屏幕左侧通用加工工具条中的"执行程序"图标，进入执行功能，屏幕上会弹出"执行程序"对话框，如图6.32所示。在左边的列表中，列出了已经创建的加工程序，选择需要进行计算的加工程序或整个刀路轨迹，单击绿色箭头将其列入计算列表。完成选择后，单击"确定"按钮，即可开始计算刀路轨迹。

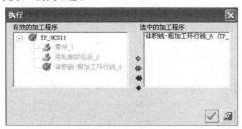

图6.32　执行程序

(8)仿真模拟

单击屏幕左侧通用加工工具条上的"仿真模拟"图标，屏幕上弹出"模拟检验"对话框，如图6.33所示。在对话框中，选择刀路轨迹或加工程序进行实体切削模拟，如图6.34所示。

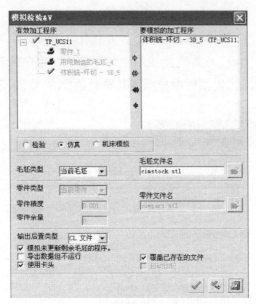

图 6.33 "模拟检验"对话框

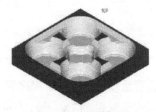

图 6.34 模拟切削

仿真模拟时,刀具依照刀路轨迹移动,以图形模拟毛坯切削过程,并更新毛坯以得到最终的加工零件外形。

(9)后置处理

后置处理是将刀路轨迹转化为数控机床程序代码的过程。

单击屏幕左侧通用加工工具条上的 后置处理"图标,屏幕上弹出"后置处理"对话框,如图 6.35 所示。在"后置处理"对话框的"有效加工程序"列表中,选择需要作后置处理的程序,单击绿色箭头将其加入"后置序列"列表中。单击"确定"按钮,即可进行后置处理。

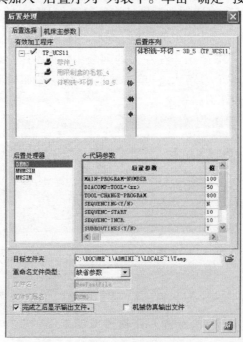

图 6.35 后置处理

图 6.36　NC 程序文件

后置处理完成后,系统将产生一个数控程序文本文件,可使用"记事本"打开并修改,如图 6.36 所示。通过网络接口,可将生成的数控程序传到数控机床来控制零件加工。

6.3　自动编程实例

6.3.1　任务描述

如图 6.37 所示零件为一凸模,其凸出部分为一个 $\phi200$ mm 的圆形,带有 6 个 R10 mm 的凹槽,6 个凹槽的圆心处有 $\phi8$ mm 的通孔。该工件毛坯为 $\phi300$ mm 的圆饼,材料为 45 钢。

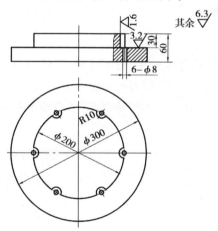

图 6.37　花形凸模

6.3.2　任务分析

(1)加工原点设置

为方便对刀,将工件坐标系设置在顶平面的中心,即 X,Y 的坐标原点在 $\phi300$ mm 的圆的圆心位置,而 Z 坐标原点在顶平面上。

(2)加工工步分析

1)粗加工

由于该零件的大圆上带有小凹槽,故进行一次加工到位要使用较小的刀具直径,将影响加工效率。因此,选用较大直径的刀具进行粗加工,再用较小直径的刀具进行精加工。

粗加工时选择毛坯环切方式,刀具由外向内进行切削,选择刀具为 $\phi32$ 的立铣刀,v_c 为 150 m/min,切削进给为 1 200 mm/min。考虑到刀具的切削负荷,故每刀切削侧向步距取 18 mm;工件加工深度为 30 mm,故要进行分层铣削,每层切削深度为 5 mm。

2)凹槽半精加工

在凹槽(R10)部位,由于粗加工所用的刀具较大($\phi32$),不能切入,故留有很大残余量。从模拟切削的结果可知,在凹槽部位只有很小的凹进,而且半径很大。为了使精加工能获得良好的加工质量,应该保持均匀的切削余量,因此需进行一次半精加工将凹槽部位的余量去除,保持均匀的加工余量。

半精加工对 6 个凹槽进行加工,采用开放轮廓铣刀路。选择 $\phi12$ mm 的硬质合金平底刀进行加工,采用层铣的方式,每层切深为 2 mm。v_c 为 150 m/min,切削进给为 800 mm/min。

3)精加工

对该带有凹槽的 $\phi200$ mm 圆形凸台进行精加工。精加工使用封闭轮廓铣方式,仍使用 $\phi12$ mm 硬质合金平底刀进行加工,深度方向一次铣削到位。v_c 为 150 m/min,切削进给为 800 mm/min。

4)钻孔

在每个圆弧凹槽的圆心处加工一个 $\phi8$ mm 的通孔。钻孔加工使用 $\phi8$ mm 的钻头进行加工,采用快速啄钻式加工,设置主轴转速 500 r/min,进给速度为 30 mm/min。

6.3.3 零件加工程序编制

(1)外形粗加工

首先加载参照模型、设置模型坐标系、模型处理、创建刀具、创建刀路轨迹、定义零件和毛坯等。凸台外形粗加工编程操作步骤如表 6.1 所示。

表 6.1　凸台外形粗加工编程操作步骤

1. 打开 Cimatron E 软件,选择编程模块,如图所示	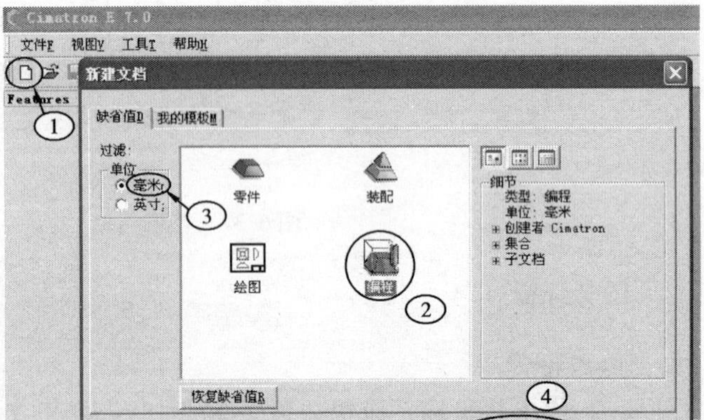

续表

2.调入模型。将一个完成好的 CAD 零件模型(6-1. elt)调入 CAM 加工环境中,如图所示	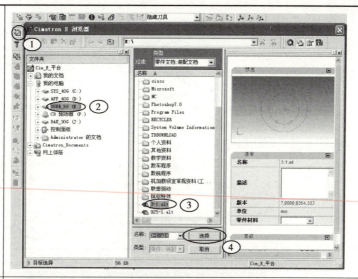
3.设置加工坐标系,如图所示	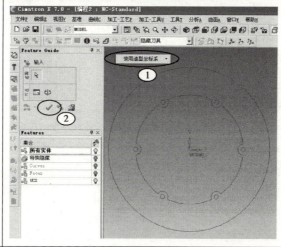
4.对零件的各个关键部位进行测量,以确定刀具的大小,如图所示	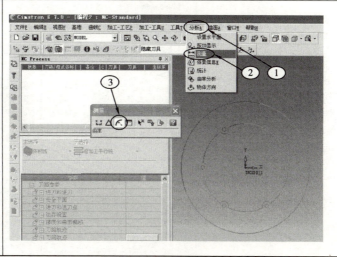

续表

5. 根据参照模型的大小和形状创建刀具,操作流程如图所示	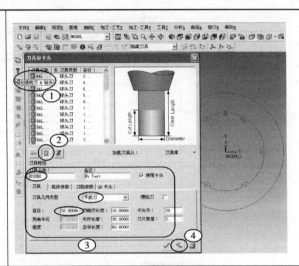
6. 以同样的方法创建该零件加工所用刀具,如图所示	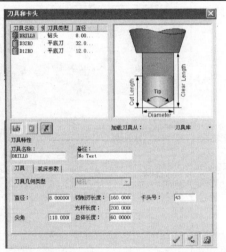
7. 单击"刀路轨迹"按钮,定义加工类型、刀路坐标系和安全平面,如图所示	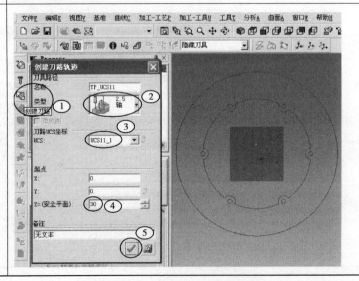

续表

8. 单击"创建毛坯"按钮,按图所示步骤创建毛坯	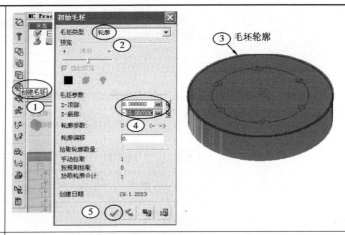
9. 单击"创建程序"按钮,创建一个程序,如图所示	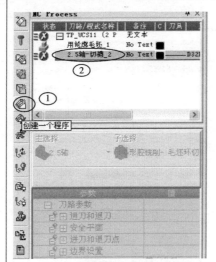
10. 选择工艺,步骤如图所示	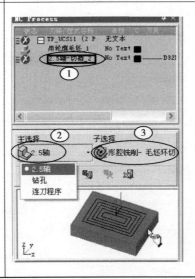

续表

11. 选择粗加工刀具,如图所示	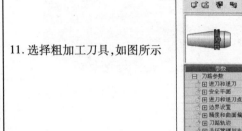 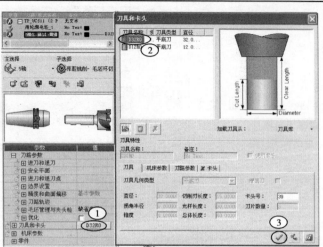
12. 选择零件轮廓,步骤如图所示	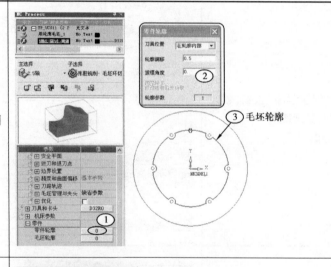
13. 选择毛坯轮廓,步骤如图所示	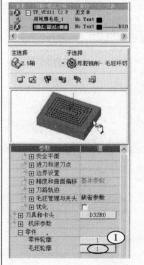 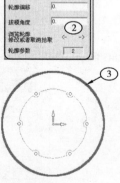

续表

步骤	图示
14.单击"进刀和退刀""安全平面"参数组前的"＋",展开该参数组,并按图所示进行参数设置	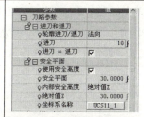
15.单击"进刀和退刀点""边界设置""精度和曲面偏移"参数组前的"＋",展开该参数组,并按图所示进行参数设置	
16.单击"刀路轨迹"参数组前的"＋",展开该参数组,并按图所示进行参数设置	
17.单击"机床参数"参数组前的"＋",展开该参数组,并按图所示进行参数设置	
18.单击"保存并计算"按钮,保存参数并运算当前加工程序。在绘图区显示生成刀路轨迹,如图所示	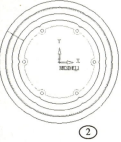
19.检视程序。对生成的程序进行缩放、旋转、平移等操作,从不同角度、不同局部进行检视,如图所示	

(2)凹槽半精加工

在程序管理器中单击选择"2.5 轴-毛坯环切_4"刀路,再单击其后面的小灯泡图标隐藏该刀路轨迹,便于后续刀路的编制。凹槽半精加工编程操作步骤如表 6.2 所示。

表 6.2　凹槽半精加工编程操作步骤

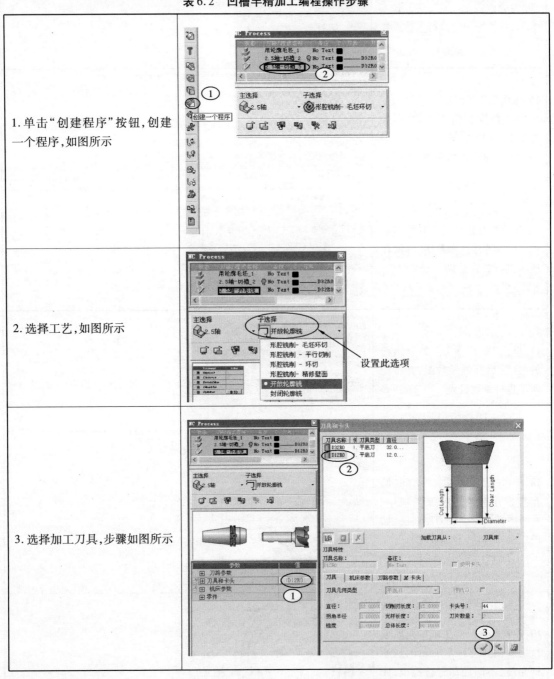

步骤	图示
1.单击"创建程序"按钮,创建一个程序,如图所示	
2.选择工艺,如图所示	
3.选择加工刀具,步骤如图所示	

步骤	图示
4. 选择零件轮廓,步骤如图所示	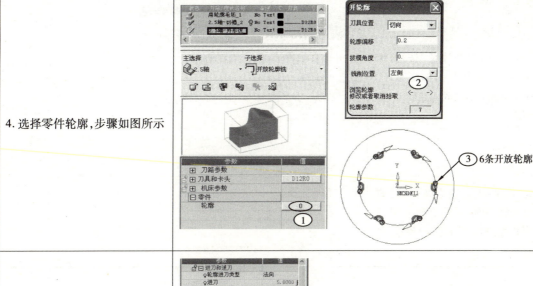
5. 单击"进刀和退刀""安全平面"参数组前的"+",展开该参数组,并按图所示进行参数设置	
6. 单击"进刀和退刀点""边界设置""精度和曲面偏移"参数组前的"+",展开该参数组,并按图示进行参数设置	
7. 单击"刀路轨迹"参数组前的"+",展开该参数组,并按图所示进行参数设置	
8. 单击"机床参数"参数组前的"+",展开该参数组,并按图所示进行参数设置	

续表

9. 单击"保存并计算"按钮,保存参数并运算当前加工程序。在绘图区显示生成刀路轨迹,如图所示	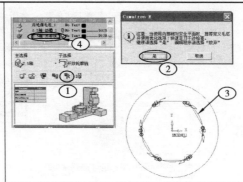
10. 检视程序。对生成的程序进行缩放、旋转、平移等操作,从不同角度、不同局部进行检视,如图所示	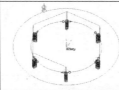

(3)外形精加工

在程序管理器中单击选择"2.5 轴-外形线 3"刀路,再单击其后面的小灯泡图标隐藏该刀路轨迹,便于后续刀路的编制。凸台外形精加工编程操作步骤如表 6.3 所示。

表 6.3 凸台外形精加工编程操作步骤

1. 单击"创建程序"按钮,创建一个程序,如图所示	
2. 选择工艺,如图所示	

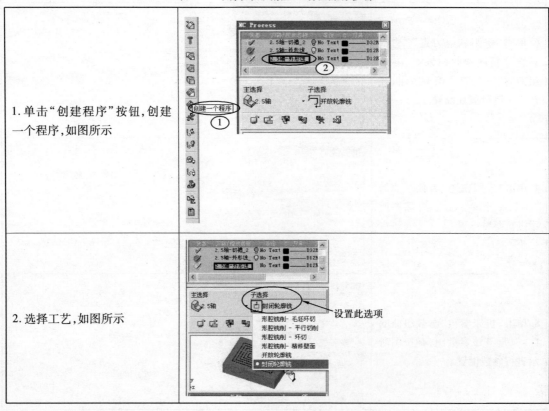

3.选择精加工轮廓,步骤如图所示	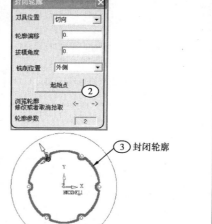
4.单击"进刀和退刀""安全平面"参数组前的"+",展开该参数组,并按图所示进行参数设置	
5.单击"进刀和退刀点""边界设置""精度和曲面偏移"参数组前的"+",展开该参数组,并按图所示进行参数设置	
6.单击"刀路轨迹"参数组前的"+",展开该参数组,并按图所示进行参数设置	
7.单击"保存并计算"按钮,保存参数并运算当前加工程序。在绘图区显示生成刀路轨迹,如图所示	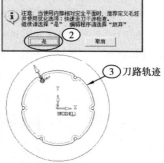

续表

8. 检视程序。对生成的程序进行缩放、旋转、平移等操作,从不同角度、不同局部进行检视,如图所示	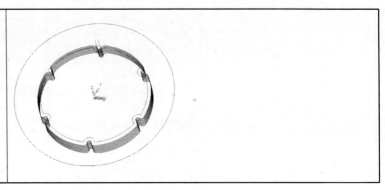

(4)钻孔加工

在程序管理器中单击选择"2.5 轴-外形线_4"刀路,再单击其后面的小灯泡图标隐藏该刀路轨迹,便于后续刀路的编制。钻孔加工编程操作步骤如表 6.4 所示。

表 6.4　钻孔加工编程操作步骤

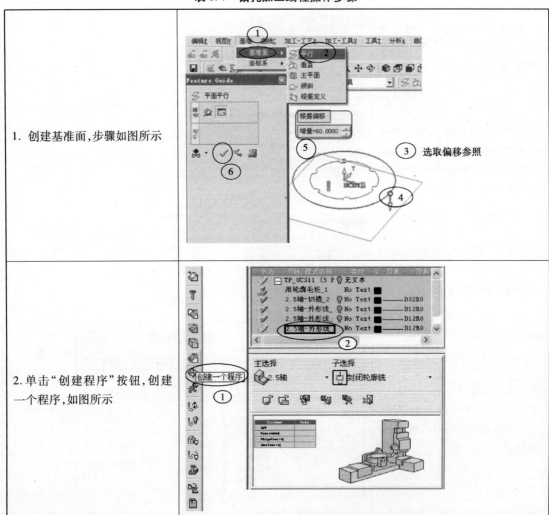

续表

3. 选择工艺,步骤如图所示	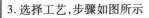 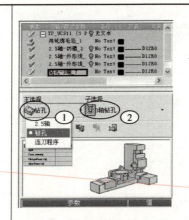
4. 选择钻孔点,步骤如图所示	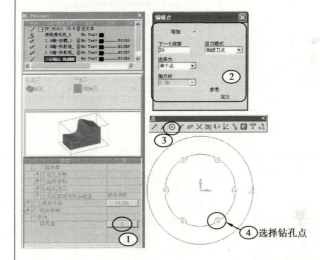 选择钻孔点
5. 选择钻孔用刀具,步骤如图所示	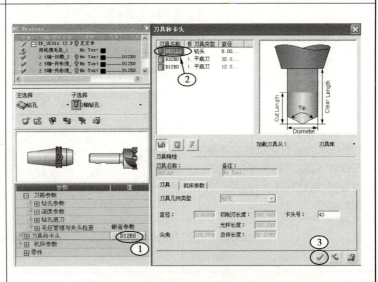

续表

6. 单击"刀路轨迹"参数组前的"＋",展开该参数组,并按图所示进行参数设置	
7. 单击"机床参数"参数组前的"＋",展开该参数组,并按图所示进行参数设置	
8. 单击"保存并计算"按钮,保存参数并运算当前加工程序。在绘图区显示生成刀路轨迹,如图所示	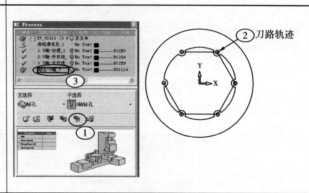
9. 检视程序。对生成的程序进行缩放、旋转、平移等操作,从不同角度、不同局部进行检视,如图所示	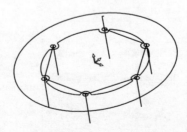

续表

10. 保存文件。完成各个加工程序的创建后，进行文件的保存，如图所示	

（5）仿真检验与后置处理

仿真检验与后置处理如表6.5所示。

表6.5　仿真检验与后置处理

1. 仿真模拟。操作步骤如图所示	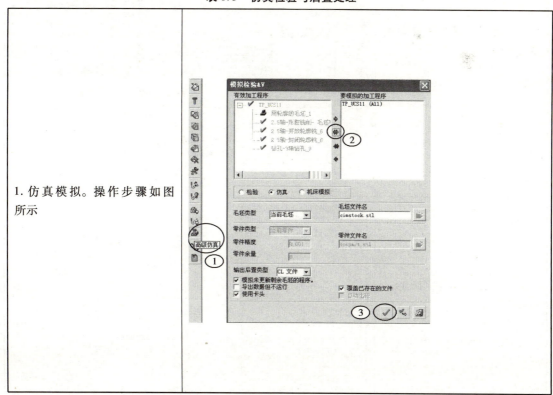

续表

2.模拟切削工作界面,如图所示	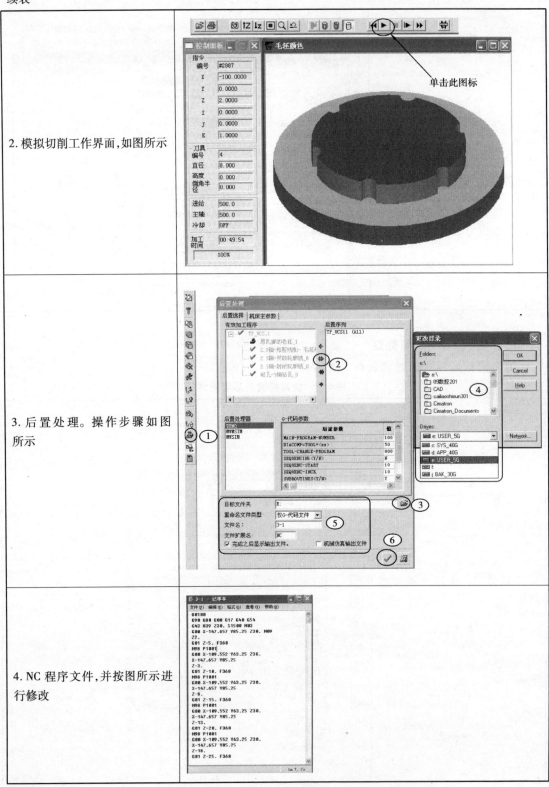
3.后置处理。操作步骤如图所示	
4.NC 程序文件,并按图所示进行修改	

参考文献

[1] 张洪兴,等.数控机床编程、操作、维修[M].北京:航空工业出版社,2000.

[2] 赵松涛.数控编程与操作[M].西安:西安电子科技大学出版社,2006.

[3] 贾慈力.模具数控加工技术[M].北京:机械工业出版社,2011.

[4] 杨琳.数控车床加工工艺与编程[M].北京:中国劳动社会保障出版社,2005.

[5] 宣振宇.数控车削加工编程实例[M].沈阳:辽宁科学技术出版社,2009.

[6] 闫巧枝,彭新荣.数控机床编程与工艺[M].西安:西北工业大学出版社,2009.

[7] 刘战术,史东才.数控机床加工技术[M].北京:人民邮电出版社,2008.

[8] 周虹.数控机床操作工职业技能鉴定指导[M].北京:人民邮电出版社,2004.

[9] 岳秋琴.数控加工编程与操作[M].北京:北京理工大学出版社,2010.

[10] 王志平.数控加工中心——华中系统编程与操作[M].北京:中国劳动社会保障出版社,2007.

[11] 周虹.数控加工工艺与编程[M].北京:人民邮电出版社,2004.

[12] 周虹.数控原理与编程实训[M].北京:人民邮电出版社,2005.

[13] 詹华西.数控加工技术实训教程[M].西安:西安电子科技大学出版社,2006.

[14] 顾京.数控加工编程及操作[M].北京:高等教育出版社,2003.

[15] 刘虹.数控加工编程与操作[M].西安:西安电子科技大学出版社,2007.

[16] 卜云峰.加工中心操作工技能鉴定考核培训教程[M].北京:机械工业出版社,2006.

[17] 贾立新.电火花加工实训教程[M].西安:西安电子科技大学出版社,2007.

[18] 单岩,夏天.数控线切割加工[M].北京:机械工业出版社,2007.

[19] 胡如祥.数控加工编程与操作[M].大连:大连理工大学出版社,2008.

[20] 程美玲.数控编程技能实训教程[M].北京:国防工业出版社,2006.

[21] 王卫兵.Cimatron E 6.0 数控编程实用教程[M].北京:清华大学出版社,2003.